사물인터넷, 빅데이터 등 스마트 시대 대비!

정보처리능력 향상을 위한─

최고효과

기초
탄탄 **계산법**

12권 | 분수와 소수의 혼합 계산 / 비와 방정식

기초부터 탄탄하게
G 기탄출판

계산력은 수학적 사고력을 기르기 위한 기초 과정이며,
스마트 시대에 정보처리능력을 기르기 위한 필수 요소입니다.

사칙 계산(+, −, ×, ÷)을 나타내는 기호와 여러 가지 수(자연수, 분수, 소수 등) 사이의 관계를 이해하여 빠르고 정확하게 답을 찾아내는 과정을 통해 아이들은 수학적 개념이 발달하기 시작하고 수학에 흥미를 느끼게 됩니다.

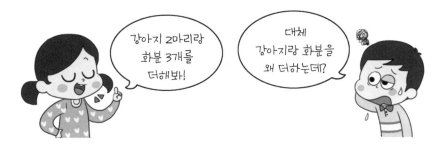

위에서 보여준 것과 같이 단순한 더하기라 할지라도 아무거나 더하는 것이 아니라 더하는 의미가 있는 것은, 동질성을 가진 것끼리, 단위가 같은 것끼리여야 하는 등의 논리적이고 합리적인 상황이 기본이 됩니다.

사칙 계산이 처음엔 자연수끼리의 계산으로 시작하기 때문에 큰 어려움이 없지만 수의 개념이 확장되어 분수, 소수까지 다루게 되면, 더하기를 하기 위해 표현 방법을 모두 분수로, 또는 모두 소수로 바꾸는 등, 자기도 모르게 수학적 사고의 과정을 밟아가며 계산을 하게 됩니다.

이런 단계의 계산들은 하위 단계인 자연수의 사칙 계산이 기초가 되지 않고서는 쉽지 않습니다.

계산력을 기르는 것이 이렇게 중요한데도 계산력을 기르는 방법에는 지름길이 없습니다.

❶ 매일 꾸준히
❷ 표준완성시간 내에
❸ 정확하게 푸는 것

을 연습하는 것만이 정답입니다.

집을 짓거나, 그림을 그리거나, 운동경기를 하거나, 그 밖의 어떤 일을 하더라도 좋은 결과를 위해서는 기초를 닦는 것이 중요합니다.

앞에서도 말했듯이 수학적 사고력에 있어서 가장 기초가 되는 것은 계산력입니다. 또한 계산력은 사물인터넷과 빅데이터가 활용되는 스마트 시대에 가장 필요한, 정보처리능력을 향상시킬 수 있는 기본 요소입니다. 매일 꾸준히, 표준완성시간 내에, 정확하게 푸는 것을 연습하여 기초가 탄탄한 미래의 소중한 주인공들로 성장하기를 바랍니다.

이 책의 특징과 구성

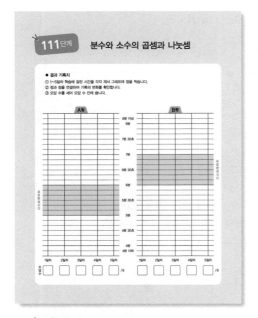

∵ 학습관리 | – 결과 기록지

매일 학습하는 데 걸린 시간을 표시하고 표준완성시간 내에 학습 완료를 하였는지, 틀린 문항 수는 몇 개인지, 또 아이의 기록에 어떤 변화가 있는지 확인할 수 있습니다.

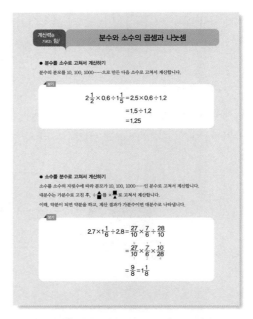

∵ 계산 원리 | 짚어보기 | – 계산력을 기르는 힘

계산력도 원리를 익히고 연습하면 더 정확하고 빠르게 풀 수 있습니다. 제시된 원리를 이해하고 계산 방법을 익히면, 본 교재 학습을 쉽게 할 수 있는 힘이 됩니다.

∵ 본 학습

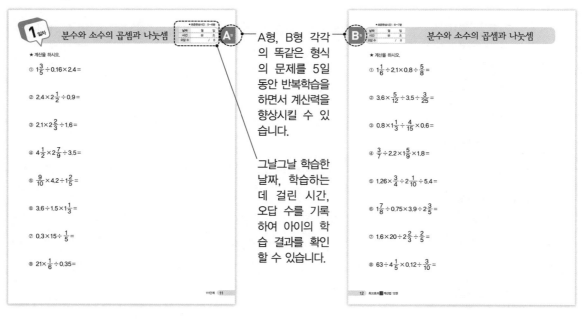

A형, B형 각각의 똑같은 형식의 문제를 5일 동안 반복학습을 하면서 계산력을 향상시킬 수 있습니다.

그날그날 학습한 날짜, 학습하는 데 걸린 시간, 오답 수를 기록하여 아이의 학습 결과를 확인할 수 있습니다.

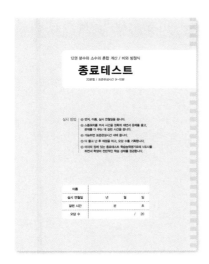

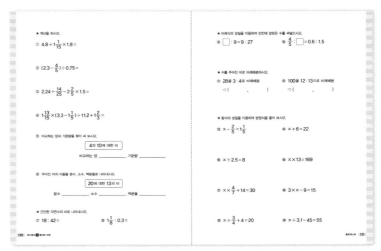

∴ 종료테스트

각 권이 끝날 때마다 종료테스트를 통해 학습한 것
을 다시 한번 확인할 수 있습니다.
종료테스트의 정답을 확인하고 '학습능력평가표'를
작성합니다. 나온 평가의 결과대로 좀 더 복습이
필요한지 판단하여 계속해서 학습을 진행할 수 있
습니다.

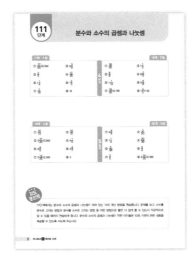

∴ 정답

단계별 정답 확인 후 지도포인트를
확인합니다. 이번 학습을 통해 어떤
부분의 문제해결력을 길렀는지, 또
한 틀린 문제를 점검할 때 어떤 부
분에 중점을 두고 확인해야 할지
알 수 있습니다.

최고효과 기초탄탄 계산법 전체 학습 내용

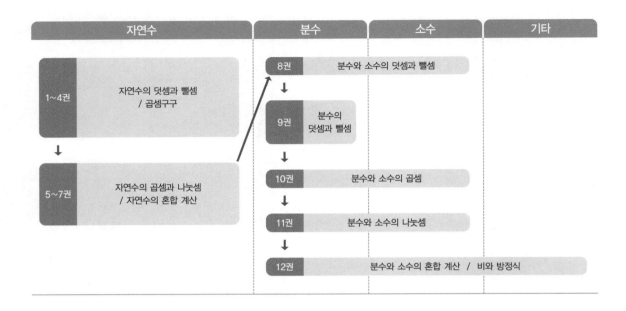

자연수	분수	소수	기타
1~4권 : 자연수의 덧셈과 뺄셈 / 곱셈구구	8권 : 분수와 소수의 덧셈과 뺄셈		
5~7권 : 자연수의 곱셈과 나눗셈 / 자연수의 혼합 계산	9권 : 분수의 덧셈과 뺄셈		
	10권 : 분수와 소수의 곱셈		
	11권 : 분수와 소수의 나눗셈		
	12권 : 분수와 소수의 혼합 계산 / 비와 방정식		

최고효과 기초탄탄 계산법 권별 학습 내용

권장 학년 초1

1권 : 자연수의 덧셈과 뺄셈 1		2권 : 자연수의 덧셈과 뺄셈 2	
001단계	9까지의 수 모으기와 가르기	011단계	세 수의 덧셈, 뺄셈
002단계	합이 9까지인 덧셈	012단계	받아올림이 있는 (몇)+(몇)
003단계	차가 9까지인 뺄셈	013단계	받아내림이 있는 (십 몇)-(몇)
004단계	덧셈과 뺄셈의 관계 ①	014단계	받아올림·받아내림이 있는 덧셈, 뺄셈 종합
005단계	세 수의 덧셈과 뺄셈 ①	015단계	(두 자리 수)+(한 자리 수)
006단계	(몇십)+(몇)	016단계	(몇십)-(몇)
007단계	(몇십 몇)±(몇)	017단계	(두 자리 수)-(한 자리 수)
008단계	(몇십)±(몇십), (몇십 몇)±(몇십 몇)	018단계	(두 자리 수)±(한 자리 수) ①
009단계	10의 모으기와 가르기	019단계	(두 자리 수)±(한 자리 수) ②
010단계	10의 덧셈과 뺄셈	020단계	세 수의 덧셈과 뺄셈 ②

권장 학년 초2

3권 : 자연수의 덧셈과 뺄셈 3 / 곱셈구구		4권 : 자연수의 덧셈과 뺄셈 4	
021단계	(두 자리 수)+(두 자리 수) ①	031단계	(세 자리 수)+(세 자리 수) ①
022단계	(두 자리 수)+(두 자리 수) ②	032단계	(세 자리 수)+(세 자리 수) ②
023단계	(두 자리 수)-(두 자리 수) ①	033단계	(세 자리 수)-(세 자리 수) ①
024단계	(두 자리 수)±(두 자리 수)	034단계	(세 자리 수)-(세 자리 수) ②
025단계	덧셈과 뺄셈의 관계 ②	035단계	(세 자리 수)±(세 자리 수)
026단계	같은 수를 여러 번 더하기	036단계	세 자리 수의 덧셈, 뺄셈 종합
027단계	2, 5, 3, 4의 단 곱셈구구	037단계	세 수의 덧셈과 뺄셈 ③
028단계	6, 7, 8, 9의 단 곱셈구구	038단계	(네 자리 수)+(세 자리 수·네 자리 수)
029단계	곱셈구구 종합 ①	039단계	(네 자리 수)-(세 자리 수·네 자리 수)
030단계	곱셈구구 종합 ②	040단계	네 자리 수의 덧셈, 뺄셈 종합

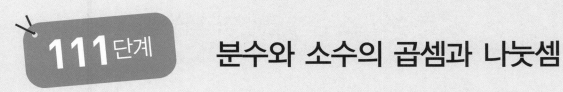

분수와 소수의 곱셈과 나눗셈

111단계

● 결과 기록지

① 1~5일차 학습에 걸린 시간을 각각 재서 그래프에 점을 찍습니다.

② 점과 점을 연결하여 기록의 변화를 확인합니다.

③ 오답 수를 세어 오답 수 칸에 씁니다.

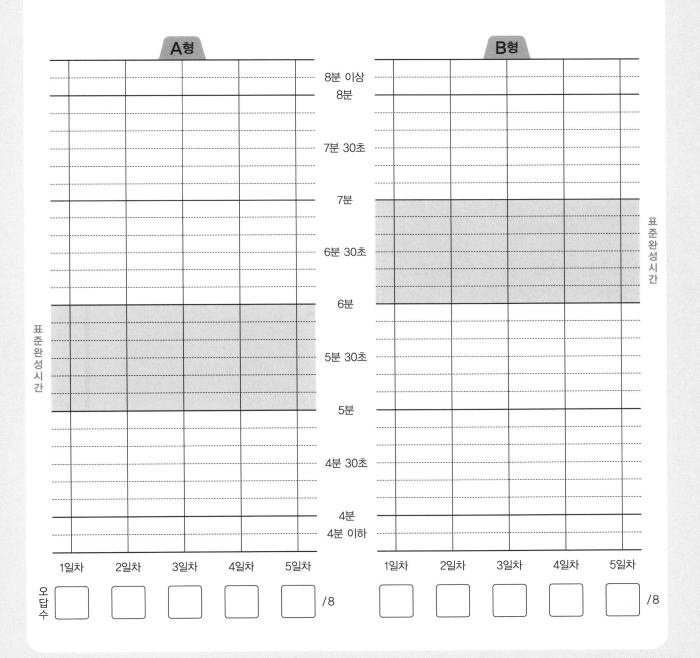

A형						B형

분수와 소수의 곱셈과 나눗셈

● **분수를 소수로 고쳐서 계산하기**

분수의 분모를 10, 100, 1000……으로 만든 다음 소수로 고쳐서 계산합니다.

보기

$$2\frac{1}{2} \times 0.6 \div 1\frac{1}{5} = 2.5 \times 0.6 \div 1.2$$
$$= 1.5 \div 1.2$$
$$= 1.25$$

● **소수를 분수로 고쳐서 계산하기**

소수를 소수의 자릿수에 따라 분모가 10, 100, 1000……인 분수로 고쳐서 계산합니다.

대분수는 가분수로 고친 후, $\div \blacksquare$를 $\times \dfrac{\blacksquare}{\blacktriangle}$로 고쳐서 계산합니다.

이때, 약분이 되면 약분을 하고, 계산 결과가 가분수이면 대분수로 나타냅니다.

보기

$$2.7 \times 1\frac{1}{6} \div 2.8 = \frac{27}{10} \times \frac{7}{6} \div \frac{28}{10}$$
$$= \frac{\overset{9}{\cancel{27}}}{10} \times \frac{\overset{1}{\cancel{7}}}{\underset{1}{\cancel{6}}} \times \frac{\overset{1}{\cancel{10}}}{\underset{4}{\cancel{28}}}$$
$$= \frac{9}{8} = 1\frac{1}{8}$$

분수와 소수의 곱셈과 나눗셈

★ 계산을 하시오.

① $1\dfrac{3}{5} \div 0.16 \times 2.4 =$

② $2.4 \times 2\dfrac{1}{2} \div 0.9 =$

③ $2.1 \times 2\dfrac{2}{3} \div 1.6 =$

④ $4\dfrac{1}{2} \times 2\dfrac{7}{9} \div 3.5 =$

⑤ $\dfrac{9}{10} \times 4.2 \div 1\dfrac{2}{5} =$

⑥ $3.6 \div 1.5 \times 1\dfrac{1}{3} =$

⑦ $0.3 \times 15 \div \dfrac{1}{5} =$

⑧ $21 \times \dfrac{1}{6} \div 0.35 =$

날짜	월	일
시간	분	초
오답 수		/ 8

B형

분수와 소수의 곱셈과 나눗셈

★ 계산을 하시오.

① $1\dfrac{1}{6} \div 2.1 \times 0.8 \div \dfrac{5}{8} =$

② $3.6 \times \dfrac{5}{12} \div 3.5 \div \dfrac{3}{25} =$

③ $0.8 \times 1\dfrac{1}{3} \div \dfrac{4}{15} \times 0.6 =$

④ $\dfrac{3}{7} \div 2.2 \times 1\dfrac{5}{9} \times 1.8 =$

⑤ $1.26 \times \dfrac{3}{4} \div 2\dfrac{1}{10} \div 5.4 =$

⑥ $1\dfrac{7}{8} \div 0.75 \times 3.9 \div 2\dfrac{3}{5} =$

⑦ $1.6 \times 20 \div 2\dfrac{2}{3} \div \dfrac{2}{5} =$

⑧ $63 \div 4\dfrac{1}{5} \times 0.12 \div \dfrac{3}{10} =$

분수와 소수의 곱셈과 나눗셈

★ 계산을 하시오.

① $4\dfrac{1}{2} \times 0.6 \div 4.5 =$

② $6.3 \div \dfrac{7}{12} \times 0.75 =$

③ $4\dfrac{2}{7} \div 1.5 \times 3\dfrac{1}{9} =$

④ $0.24 \times 2.1 \div 1\dfrac{13}{15} =$

⑤ $7\dfrac{1}{2} \div 3.5 \times 1\dfrac{2}{5} =$

⑥ $2.07 \times 7.5 \div 4\dfrac{1}{2} =$

⑦ $\dfrac{4}{11} \times 2.31 \div 3\dfrac{1}{2} =$

⑧ $1.5 \times 3\dfrac{1}{5} \div \dfrac{3}{4} =$

B형

분수와 소수의 곱셈과 나눗셈

★ 계산을 하시오.

① $5\frac{1}{3} \div 1.05 \times 0.42 \div 2\frac{4}{5} =$

② $\frac{5}{8} \times 2\frac{1}{2} \div 3.2 \times 6.4 =$

③ $3.2 \div \frac{5}{7} \times 1\frac{1}{8} \div 11.2 =$

④ $5\frac{1}{4} \times 7.2 \div 1\frac{4}{5} \div 3.5 =$

⑤ $8.4 \times 4\frac{1}{6} \times \frac{4}{15} \div 2.8 =$

⑥ $5\frac{1}{3} \div \frac{5}{6} \times 2.8 \div 12.8 =$

⑦ $12 \times \frac{9}{14} \div 7.2 \times 1\frac{1}{6} =$

⑧ $24 \times \frac{7}{12} \div 1.54 \times 1\frac{3}{8} =$

3 일차 분수와 소수의 곱셈과 나눗셈

★ 계산을 하시오.

① $3.2 \times 1\dfrac{3}{4} \div 1.05 =$

② $\dfrac{11}{25} \div 1.43 \times 3\dfrac{5}{7} =$

③ $10.5 \div 2\dfrac{1}{7} \times \dfrac{5}{9} =$

④ $6\dfrac{2}{3} \times 2.7 \div 4\dfrac{1}{5} =$

⑤ $0.72 \div 4.8 \times 6\dfrac{2}{3} =$

⑥ $\dfrac{9}{25} \times 3\dfrac{1}{2} \div 4.2 =$

⑦ $5\dfrac{5}{6} \times \dfrac{3}{7} \div 0.5 =$

⑧ $2.25 \times \dfrac{4}{5} \div 0.3 =$

분수와 소수의 곱셈과 나눗셈

★ 계산을 하시오.

① $2\dfrac{1}{2} \times 1.8 \div 4.2 \times 4\dfrac{2}{3} =$

② $8.1 \div 7\dfrac{1}{5} \div \dfrac{3}{8} \times 0.9 =$

③ $5\dfrac{5}{8} \times 2.4 \times \dfrac{3}{5} \div 7.2 =$

④ $6.5 \div 3\dfrac{1}{3} \times 2\dfrac{2}{7} \div 0.52 =$

⑤ $6\dfrac{1}{4} \div 1.05 \div 4\dfrac{3}{8} \times 4.9 =$

⑥ $7.8 \times 0.12 \div 3\dfrac{3}{4} \div \dfrac{24}{25} =$

⑦ $\dfrac{3}{14} \div 2.25 \times 1\dfrac{1}{6} \div 0.5 =$

⑧ $2\dfrac{1}{10} \times 2\dfrac{6}{7} \div 1.8 \div 0.75 =$

분수와 소수의 곱셈과 나눗셈

★ 계산을 하시오.

① $7.5 \div 2\dfrac{1}{2} \times 0.18 =$

② $2\dfrac{1}{7} \times 4.9 \div 2.4 =$

③ $\dfrac{5}{12} \div 6\dfrac{2}{3} \times 6.4 =$

④ $0.56 \times 2.8 \div 3\dfrac{4}{15} =$

⑤ $\dfrac{5}{14} \times 8.4 \div 2\dfrac{2}{5} =$

⑥ $4.5 \times 3\dfrac{1}{9} \div 8.4 =$

⑦ $2.6 \times \dfrac{1}{6} \div 3.25 =$

⑧ $3.8 \times \dfrac{4}{5} \div 0.16 =$

분수와 소수의 곱셈과 나눗셈

★ 계산을 하시오.

① $2.8 \div 4\dfrac{2}{3} \div \dfrac{5}{8} \times 0.75 =$

② $0.82 \times 1\dfrac{1}{8} \div 2.05 \times 3\dfrac{1}{3} =$

③ $5\dfrac{1}{3} \div 8.4 \times 1.6 \div 1\dfrac{1}{7} =$

④ $5.6 \div 0.9 \times 4\dfrac{2}{7} \div 4\dfrac{1}{6} =$

⑤ $\dfrac{3}{4} \times 2.8 \div 6\dfrac{1}{8} \div 0.32 =$

⑥ $7.2 \times 1.05 \div 2\dfrac{2}{5} \times 1\dfrac{11}{14} =$

⑦ $2\dfrac{1}{2} \times 0.4 \div 2.5 \times 1\dfrac{9}{10} =$

⑧ $5.12 \times 1\dfrac{1}{2} \div 1.6 \times \dfrac{3}{8} =$

5일차

분수와 소수의 곱셈과 나눗셈

★ 계산을 하시오.

① $1.5 \times 3\frac{1}{3} \div 6.5 =$

② $5\frac{1}{4} \div \frac{9}{10} \times 0.16 =$

③ $3.6 \div 0.15 \times \frac{4}{25} =$

④ $0.21 \times 5\frac{1}{3} \div \frac{4}{15} =$

⑤ $7\frac{1}{3} \div 1.65 \times 1\frac{2}{25} =$

⑥ $7.5 \div 2\frac{5}{8} \times 1.6 =$

⑦ $0.8 \times 2\frac{4}{5} \div \frac{7}{8} =$

⑧ $2\frac{7}{10} \times 2.5 \div 2\frac{1}{4} =$

분수와 소수의 곱셈과 나눗셈

★ 계산을 하시오.

① $4.9 \div 4\frac{3}{8} \times 4\frac{1}{6} \div 1.05 =$

② $\frac{8}{21} \times 0.28 \div 2\frac{2}{3} \times 1.5 =$

③ $\frac{9}{14} \div 2\frac{2}{5} \times 3.5 \div 0.75 =$

④ $6.8 \div 7\frac{2}{7} \times 1\frac{2}{13} \div 2.1 =$

⑤ $0.85 \times 2\frac{1}{4} \div 2.7 \div 5\frac{1}{10} =$

⑥ $5\frac{1}{3} \times 0.45 \div 3.6 \times 1\frac{1}{8} =$

⑦ $1.2 \div \frac{5}{6} \times 0.5 \div 1\frac{1}{5} =$

⑧ $0.72 \div 1\frac{1}{8} \times \frac{4}{5} \div 0.2 =$

분수와 소수의 혼합 계산

● **결과 기록지**

① 1~5일차 학습에 걸린 시간을 각각 재서 그래프에 점을 찍습니다.

② 점과 점을 연결하여 기록의 변화를 확인합니다.

③ 오답 수를 세어 오답 수 칸에 씁니다.

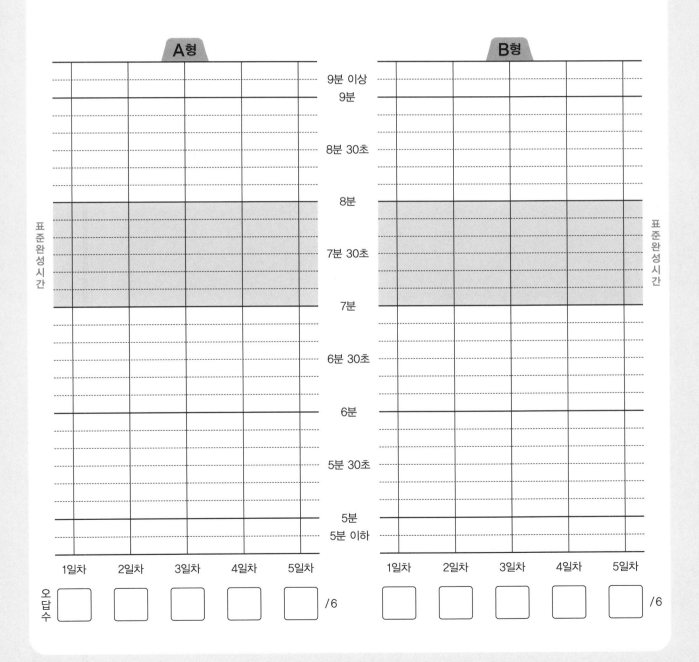

분수와 소수의 혼합 계산

● 분수와 소수의 혼합 계산

분수와 소수의 혼합 계산은 자연수의 혼합 계산과 마찬가지로 (　　)가 있으면 (　　) 안을 먼저 계산한 후 곱셈과 나눗셈을 계산하고, 덧셈과 뺄셈을 앞에서부터 차례대로 계산합니다.

분수와 소수의 혼합 계산에서 모든 소수는 분수로 고칠 수 있으나, 모든 분수를 소수로 고칠 수 있는 것은 아니므로 분수나 소수를 각각 편리한 형태로 고쳐서 계산합니다.

괄호가 없는 분수와 소수의 혼합 계산의 예

$$2\frac{2}{5}-1.6\times 0.5+\frac{3}{4}=2\frac{2}{5}-0.8+\frac{3}{4}$$

$$=2.4-0.8+0.75$$

$$=1.6+0.75$$

$$=2.35$$

① ② ③

괄호가 있는 분수와 소수의 혼합 계산의 예

$$1.1+1\frac{1}{3}\times\left(1\frac{1}{5}-0.8\right)=1.1+1\frac{1}{3}\times(1.2-0.8)$$

$$=1.1+1\frac{1}{3}\times 0.4$$

$$=1.1+\frac{\overset{2}{4}}{3}\times\frac{4}{\underset{5}{10}}$$

$$=1\frac{1}{10}+\frac{8}{15}$$

$$=1\frac{3}{30}+\frac{16}{30}=1\frac{19}{30}$$

① ② ③

분수와 소수의 혼합 계산

★ 계산을 하시오.

① $1\dfrac{3}{5} \div 0.16 - 2.4 =$

② $1.8 + 3\dfrac{1}{2} \times 2.6 =$

③ $1.4 - \dfrac{3}{5} \div 1.8 + \dfrac{3}{4} =$

④ $0.6 + 1\dfrac{7}{8} \times 3.2 \div 1\dfrac{1}{3} =$

⑤ $1.2 \div 1\dfrac{1}{2} - 0.2 + 0.75 \times 3\dfrac{1}{5} =$

⑥ $1\dfrac{2}{5} - 0.8 + 5.1 \times \dfrac{4}{9} \div 1\dfrac{7}{10} =$

날짜	월	일
시간	분	초
오답 수		/ 6

B형

분수와 소수의 혼합 계산

★ 계산을 하시오.

① $(\dfrac{2}{5} + 0.5) \times 1\dfrac{1}{2} =$

② $1\dfrac{5}{7} \div (3 - \dfrac{3}{5}) =$

③ $\dfrac{3}{4} + 1.25 \div (1\dfrac{3}{5} \times 0.25) =$

④ $(2\dfrac{7}{10} - 0.95) \div 1.5 + \dfrac{5}{12} =$

⑤ $1\dfrac{3}{4} + 4.8 \div (5\dfrac{1}{2} - 0.5 \times 4\dfrac{3}{5}) =$

⑥ $9.3 - 2.8 \times (3\dfrac{1}{2} \div 1.4) + \dfrac{3}{4} =$

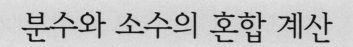

★ 계산을 하시오.

① $4\dfrac{1}{2} \div 3.5 - \dfrac{3}{4} =$

② $5.1 + 2\dfrac{1}{4} \times \dfrac{8}{15} =$

③ $2\dfrac{2}{5} \div 0.6 - \dfrac{5}{6} \times 2.4 =$

④ $1.4 + 1\dfrac{1}{6} - 2.5 \div 3\dfrac{3}{4} =$

⑤ $5.2 - \dfrac{14}{25} \times 2\dfrac{1}{7} \div 2.4 + \dfrac{2}{5} =$

⑥ $7.3 - \dfrac{3}{5} \div 0.15 + 1.8 \times 1\dfrac{1}{9} =$

B형

날짜	월	일
시간	분	초
오답 수		/ 6

분수와 소수의 혼합 계산

★ 계산을 하시오.

① $(1\dfrac{1}{2} + 0.6) \div \dfrac{7}{8} =$

② $4.8 \div (0.75 \times 2\dfrac{2}{5}) =$

③ $4.2 \div (5\dfrac{5}{6} - 2\dfrac{2}{9} \times 2.1) =$

④ $1.6 \times (3\dfrac{3}{5} \div 4.8) - \dfrac{3}{4} =$

⑤ $(2\dfrac{1}{2} + 3.8) \div 4.2 - \dfrac{3}{10} \times 2.5 =$

⑥ $2\dfrac{1}{4} \div 0.6 - (1.4 + 1\dfrac{3}{4}) \times \dfrac{5}{7} =$

분수와 소수의 혼합 계산

★ 계산을 하시오.

① $4.7 - \dfrac{2}{5} \times 2.5 =$

② $3\dfrac{3}{5} \div 2.7 + \dfrac{3}{4} =$

③ $7.2 - 8\dfrac{1}{6} \div 5.6 \times 3\dfrac{3}{7} =$

④ $3\dfrac{1}{6} - \dfrac{4}{5} \times 2.2 \div 1.32 =$

⑤ $4\dfrac{1}{4} \div 5.1 + 2\dfrac{1}{2} \times 1.8 - 0.8 =$

⑥ $5.3 - 2\dfrac{1}{4} \times 1\dfrac{5}{9} + 3.2 \div \dfrac{4}{15} =$

분수와 소수의 혼합 계산

★ 계산을 하시오.

① $(\dfrac{4}{5} + 0.25) \div 3\dfrac{3}{4} =$

② $1.75 \div (3\dfrac{1}{8} \times 0.28) =$

③ $3.3 + \dfrac{4}{15} \times (5.6 - 1\dfrac{1}{10}) =$

④ $3.5 \div (2\dfrac{4}{5} - 0.7) \times 1.6 =$

⑤ $1\dfrac{4}{5} \div (0.9 + \dfrac{3}{5}) - 2.8 \times \dfrac{2}{7} =$

⑥ $3.5 \times 2\dfrac{2}{5} - (3.8 \div 2\dfrac{5}{7} + 1.7) =$

분수와 소수의 혼합 계산

★ 계산을 하시오.

① $5\dfrac{1}{3} \div 5.6 + \dfrac{5}{7} =$

② $4\dfrac{1}{6} - 4.2 \div 3\dfrac{1}{2} =$

③ $\dfrac{14}{15} \times 2.25 \div \dfrac{9}{10} - 0.6 =$

④ $2\dfrac{1}{3} + 2.5 \div 7\dfrac{1}{2} - 1\dfrac{3}{4} =$

⑤ $7\dfrac{3}{4} - 5.4 \div 1\dfrac{1}{5} + 2\dfrac{1}{2} \times 0.5 =$

⑥ $1.24 \times 6\dfrac{1}{4} - 3.6 \div \dfrac{8}{15} + 1\dfrac{1}{2} =$

B형 분수와 소수의 혼합 계산

★ 계산을 하시오.

① $(3.4 + 2\frac{9}{10}) \div 2.25 =$

② $1.9 \times (4\frac{1}{2} \div 1.8) =$

③ $0.8 + (1\frac{1}{4} - 0.5) \times 2\frac{2}{9} =$

④ $4.7 - (0.6 + 5\frac{1}{4} \div 1.4) =$

⑤ $2\frac{2}{15} \times (3.7 - 2\frac{1}{2}) \div 2.4 + 1\frac{1}{5} =$

⑥ $1.3 + 2\frac{1}{10} \div (2\frac{1}{2} - 0.8 \times 2\frac{3}{5}) =$

분수와 소수의 혼합 계산

★ 계산을 하시오.

① $2.4 \times 3\dfrac{1}{8} - 1.9 =$

② $\dfrac{5}{12} + 4.2 \div 5\dfrac{3}{5} =$

③ $1\dfrac{2}{25} \div 0.24 + 3.6 \times \dfrac{3}{8} =$

④ $3\dfrac{2}{7} - 0.6 \times 3\dfrac{3}{4} \div 1.05 =$

⑤ $2.7 \div 1\dfrac{1}{5} + 4.2 \times 2\dfrac{1}{12} - 1.3 =$

⑥ $3.15 - 0.75 \times \dfrac{2}{3} + 1\dfrac{1}{4} \times 1.2 =$

B형

분수와 소수의 혼합 계산

★ 계산을 하시오.

① $(1\frac{1}{2} + 2.1) \div 1\frac{3}{5} =$

② $1\frac{1}{3} \div (1.25 \times \frac{8}{15}) =$

③ $7.2 - (1\frac{4}{5} + 3.6) \times \frac{5}{9} =$

④ $5\frac{1}{4} - (0.5 \div \frac{5}{8} + 2.8) =$

⑤ $(5\frac{1}{2} - 3.1) \times \frac{2}{3} + 4.5 \div 1\frac{4}{5} =$

⑥ $1.4 \div (1\frac{1}{3} - 0.75) + 4.5 \times \frac{4}{5} =$

비와 비율

● **결과 기록지**

① 1~5일차 학습에 걸린 시간을 각각 재서 그래프에 점을 찍습니다.
② 점과 점을 연결하여 기록의 변화를 확인합니다.
③ 오답 수를 세어 오답 수 칸에 씁니다.

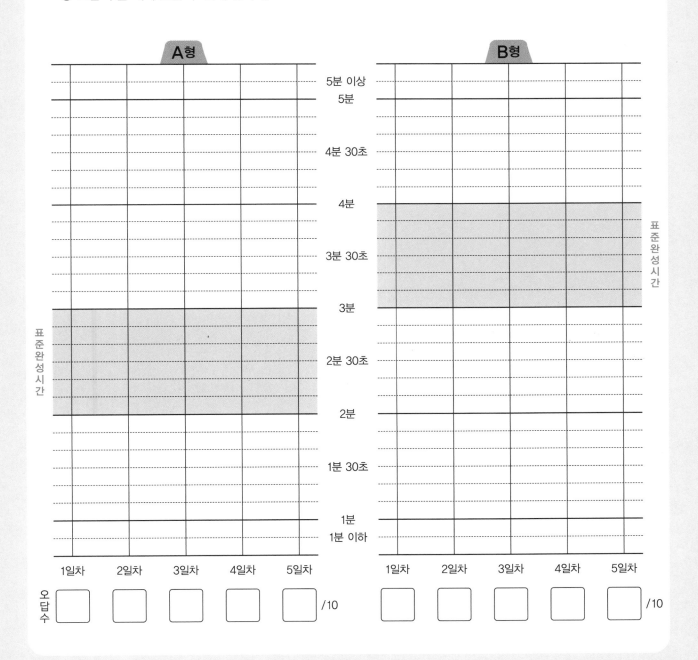

비와 비율

● 비

두 수를 비교할 때 기호 ' : '을 사용합니다. 두 수 2와 5를 비교할 때 2 : 5라 쓰고 2 대 5라고 읽습니다. 2 : 5는 5를 기준으로 하여 2를 비교한 것입니다. 비 2 : 5에서 2와 5를 비의 항이라 하고, 기호 : 의 왼쪽에 있는 2를 전항, 오른쪽에 있는 5를 후항이라고 합니다.

보기

$$2 : 5$$
전항 후항
항

⇨

2 대 5

2와 5의 비

2의 5에 대한 비

5에 대한 2의 비

● 비율

비 2 : 5에서 기호 :의 왼쪽에 있는 2는 비교하는 양이고, 오른쪽에 있는 5는 기준량입니다. 비교하는 양을 기준량으로 나눈 값을 비의 값 또는 비율이라고 합니다.

$$(비율)=(비교하는 양)÷(기준량)= \frac{(비교하는 양)}{(기준량)}$$

비율에 100을 곱한 값을 백분율이라 하고, 기호 % 를 사용하여 나타냅니다.
비율을 분수로 나타낼 때에는 필요한 경우 기약분수로 나타내지만 항상 그럴 필요는 없습니다.

보기

$$2 : 5$$

비율 ┬ 분수 ⇨ $\frac{2}{5}$

├ 소수 ⇨ 0.4

└ 백분율 ⇨ $\frac{2}{5}×100=40$ ⇨ 40 % (40 퍼센트)

비와 비율

★ 비교하는 양과 기준량을 찾아 써 보시오.

비	비교하는 양	기준량
① 1 : 5		
② 7 : 12		
③ 2 대 3		
④ 15 대 10		
⑤ 4와 9의 비		
⑥ 15와 20의 비		
⑦ 2의 7에 대한 비		
⑧ 18의 12에 대한 비		
⑨ 3에 대한 4의 비		
⑩ 16에 대한 11의 비		

B형

날짜	월	일
시간	분	초
오답 수		/ 10

비와 비율

★ 주어진 비의 비율을 분수, 소수, 백분율로 나타내시오.

비 \ 비율	분수	소수	백분율
① 1 : 5			
② 9 : 12			
③ 3 대 8			
④ 14 대 20			
⑤ 2와 10의 비			
⑥ 15와 25의 비			
⑦ 8의 16에 대한 비			
⑧ 11의 55에 대한 비			
⑨ 36에 대한 9의 비			
⑩ 25에 대한 17의 비			

비와 비율

★ 비교하는 양과 기준량을 찾아 써 보시오.

비	비교하는 양	기준량
① 4 : 5		
② 9 : 12		
③ 8 대 5		
④ 16 대 18		
⑤ 7과 15의 비		
⑥ 11과 24의 비		
⑦ 2의 12에 대한 비		
⑧ 20의 9에 대한 비		
⑨ 6에 대한 5의 비		
⑩ 14에 대한 22의 비		

비와 비율

★ 주어진 비의 비율을 분수, 소수, 백분율로 나타내시오.

비 \ 비율	분수	소수	백분율
① 2 : 8			
② 12 : 25			
③ 8 대 20			
④ 32 대 40			
⑤ 3과 15의 비			
⑥ 27과 36의 비			
⑦ 4의 16에 대한 비			
⑧ 20의 50에 대한 비			
⑨ 10에 대한 7의 비			
⑩ 45에 대한 9의 비			

비와 비율

● 표준완성시간 : 2~3분

날짜	월	일
시간	분	초
오답 수	/	10

★ 비교하는 양과 기준량을 찾아 써 보시오.

비	비교하는 양	기준량
① 2 : 7		
② 8 : 13		
③ 5 대 9		
④ 13 대 12		
⑤ 6과 2의 비		
⑥ 10과 25의 비		
⑦ 4의 6에 대한 비		
⑧ 11의 15에 대한 비		
⑨ 9에 대한 2의 비		
⑩ 13에 대한 20의 비		

비와 비율

★ 주어진 비의 비율을 분수, 소수, 백분율로 나타내시오.

비 \ 비율	분수	소수	백분율
① 2 : 4			
② 7 : 10			
③ 4 대 5			
④ 14 대 35			
⑤ 5와 8의 비			
⑥ 13과 20의 비			
⑦ 1의 4에 대한 비			
⑧ 12의 15에 대한 비			
⑨ 8에 대한 6의 비			
⑩ 50에 대한 17의 비			

비와 비율

★ 비교하는 양과 기준량을 찾아 써 보시오.

비	비교하는 양	기준량
① 7 : 3		
② 10 : 12		
③ 5 대 8		
④ 14 대 18		
⑤ 6과 7의 비		
⑥ 25와 11의 비		
⑦ 1의 9에 대한 비		
⑧ 8의 22에 대한 비		
⑨ 14에 대한 4의 비		
⑩ 30에 대한 12의 비		

날짜	월 일
시간	분 초
오답 수	/ 10

B형

비와 비율

★ 주어진 비의 비율을 분수, 소수, 백분율로 나타내시오.

비 \ 비율	분수	소수	백분율
① 1 : 10			
② 6 : 12			
③ 9 대 10			
④ 2 대 25			
⑤ 7과 14의 비			
⑥ 16과 40의 비			
⑦ 2의 50에 대한 비			
⑧ 6의 15에 대한 비			
⑨ 5에 대한 3의 비			
⑩ 25에 대한 18의 비			

비와 비율

● 표준완성시간 : 2~3분

★ 비교하는 양과 기준량을 찾아 써 보시오.

비	비교하는 양	기준량
① 1 : 6		
② 4 : 9		
③ 2 대 5		
④ 11 대 24		
⑤ 7과 8의 비		
⑥ 12와 9의 비		
⑦ 4의 20에 대한 비		
⑧ 8의 45에 대한 비		
⑨ 5에 대한 10의 비		
⑩ 30에 대한 12의 비		

비와 비율

★ 주어진 비의 비율을 분수, 소수, 백분율로 나타내시오.

비 \ 비율	분수	소수	백분율
① 1 : 4			
② 6 : 10			
③ 2 대 5			
④ 15 대 30			
⑤ 1과 8의 비			
⑥ 21과 35의 비			
⑦ 3의 30에 대한 비			
⑧ 19의 20에 대한 비			
⑨ 20에 대한 9의 비			
⑩ 55에 대한 33의 비			

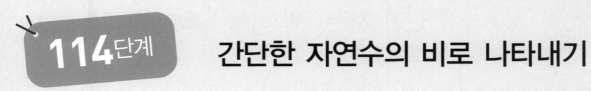

간단한 자연수의 비로 나타내기

● 결과 기록지

① 1~5일차 학습에 걸린 시간을 각각 재서 그래프에 점을 찍습니다.

② 점과 점을 연결하여 기록의 변화를 확인합니다.

③ 오답 수를 세어 오답 수 칸에 씁니다.

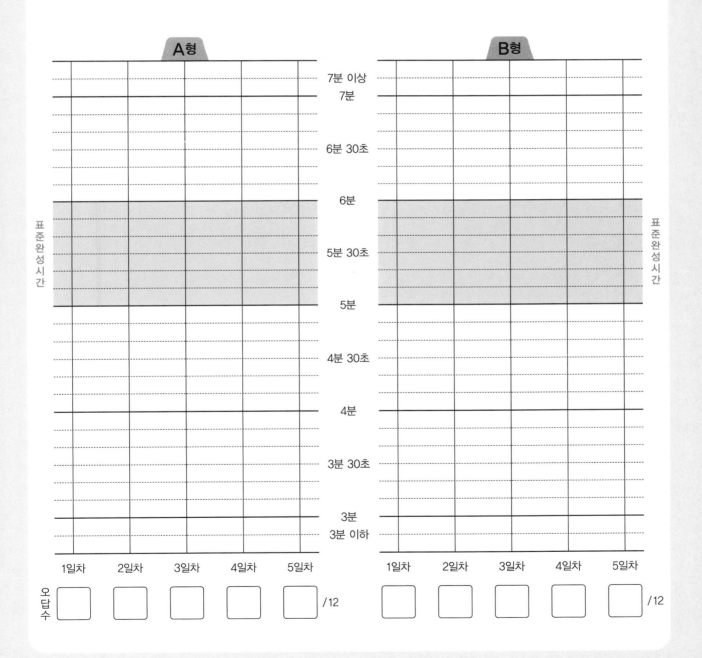

간단한 자연수의 비로 나타내기

● 비의 성질

• 비의 전항과 후항에 0이 아닌 같은 수를 곱하여도 비율은 같습니다.
• 비의 전항과 후항을 0이 아닌 같은 수로 나누어도 비율은 같습니다.

> **보기**
>
> 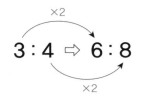   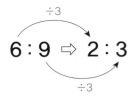

● 간단한 자연수의 비로 나타내기

비의 성질을 이용하여 비를 간단한 자연수의 비로 나타냅니다.

> **보기**
>
> (분수) : (분수)
>
> $$\frac{1}{4} : \frac{2}{3} = \left(\frac{1}{4} \times 12\right) : \left(\frac{2}{3} \times 12\right) = 3 : 8$$
>
> 각 항에 두 분모의 공배수를 곱합니다.
>
> (소수) : (소수)
>
> $$0.6 : 0.8 = (0.6 \times 10) : (0.8 \times 10) = 6 : 8 = (6 \div 2) : (8 \div 2) = 3 : 4$$
>
> 소수를 자연수로 고친 다음 각 항을 두 수의 공약수로 나눕니다.
>
> (자연수) : (자연수)
>
> $$27 : 45 = (27 \div 9) : (45 \div 9) = 3 : 5$$
>
> 각 항을 두 수의 공약수로 나눕니다.
>
> (분수) : (소수)
>
> $$\frac{1}{5} : 0.3 = \frac{1}{5} : \frac{3}{10} = \left(\frac{1}{5} \times 10\right) : \left(\frac{3}{10} \times 10\right) = 2 : 3$$
>
> 소수를 분수로 고친 다음 각 항에 두 분모의 공배수를 곱합니다.

간단한 자연수의 비로 나타내기

★ 간단한 자연수의 비로 나타내시오.

① $\dfrac{1}{3} : \dfrac{1}{2} =$

② $\dfrac{2}{5} : \dfrac{1}{4} =$

③ $\dfrac{2}{9} : \dfrac{5}{6} =$

④ $\dfrac{3}{10} : \dfrac{5}{8} =$

⑤ $\dfrac{1}{2} : 1\dfrac{1}{4} =$

⑥ $1\dfrac{1}{5} : \dfrac{5}{6} =$

⑦ $0.2 : 0.7 =$

⑧ $0.6 : 1.3 =$

⑨ $1.8 : 3.2 =$

⑩ $5.2 : 4.4 =$

⑪ $0.24 : 1.08 =$

⑫ $0.9 : 0.75 =$

간단한 자연수의 비로 나타내기

★ 간단한 자연수의 비로 나타내시오.

① $2 : 4 =$

⑦ $\dfrac{1}{5} : 0.8 =$

② $9 : 6 =$

⑧ $1.5 : \dfrac{5}{6} =$

③ $15 : 5 =$

⑨ $1\dfrac{1}{2} : 0.9 =$

④ $14 : 35 =$

⑩ $1.2 : 1\dfrac{4}{5} =$

⑤ $12 : 18 =$

⑪ $7 : 2.8 =$

⑥ $24 : 16 =$

⑫ $\dfrac{8}{9} : 2 =$

★ 간단한 자연수의 비로 나타내시오.

① $\dfrac{2}{3} : \dfrac{1}{4} =$

② $\dfrac{1}{6} : \dfrac{3}{8} =$

③ $\dfrac{4}{7} : \dfrac{1}{2} =$

④ $\dfrac{3}{4} : \dfrac{5}{8} =$

⑤ $\dfrac{5}{7} : 1\dfrac{1}{3} =$

⑥ $2\dfrac{2}{3} : 1\dfrac{5}{9} =$

⑦ $0.3 : 0.5 =$

⑧ $0.9 : 1.1 =$

⑨ $1.2 : 0.8 =$

⑩ $4.5 : 2.7 =$

⑪ $0.16 : 0.84 =$

⑫ $1.05 : 2.1 =$

간단한 자연수의 비로 나타내기

★ 간단한 자연수의 비로 나타내시오.

① $4 : 10 =$

② $12 : 8 =$

③ $7 : 28 =$

④ $18 : 15 =$

⑤ $45 : 25 =$

⑥ $54 : 18 =$

⑦ $\dfrac{1}{2} : 0.6 =$

⑧ $0.4 : \dfrac{2}{3} =$

⑨ $1\dfrac{1}{5} : 2.3 =$

⑩ $1.8 : 2\dfrac{1}{4} =$

⑪ $6 : 2.8 =$

⑫ $3\dfrac{1}{2} : 4 =$

간단한 자연수의 비로 나타내기

★ 간단한 자연수의 비로 나타내시오.

① $\dfrac{4}{5} : \dfrac{3}{10} =$

② $\dfrac{2}{7} : \dfrac{1}{6} =$

③ $\dfrac{5}{9} : \dfrac{5}{6} =$

④ $\dfrac{4}{15} : \dfrac{2}{3} =$

⑤ $\dfrac{3}{8} : 1\dfrac{5}{12} =$

⑥ $2\dfrac{1}{4} : 1\dfrac{2}{5} =$

⑦ $0.6 : 0.5 =$

⑧ $1.8 : 0.8 =$

⑨ $0.2 : 0.16 =$

⑩ $2.1 : 4.9 =$

⑪ $2.04 : 0.88 =$

⑫ $1.8 : 2.25 =$

간단한 자연수의 비로 나타내기

★ 간단한 자연수의 비로 나타내시오.

① $6 : 15 =$

② $25 : 10 =$

③ $13 : 39 =$

④ $24 : 64 =$

⑤ $66 : 22 =$

⑥ $84 : 56 =$

⑦ $\dfrac{3}{4} : 0.5 =$

⑧ $0.13 : \dfrac{3}{25} =$

⑨ $2\dfrac{7}{10} : 1.8 =$

⑩ $2.7 : 1\dfrac{1}{2} =$

⑪ $8 : 3.2 =$

⑫ $1.4 : 1\dfrac{3}{20} =$

★ 간단한 자연수의 비로 나타내시오.

① $\dfrac{3}{4} : \dfrac{2}{5} =$

② $\dfrac{7}{8} : \dfrac{1}{2} =$

③ $\dfrac{4}{15} : \dfrac{7}{10} =$

④ $\dfrac{5}{6} : \dfrac{3}{8} =$

⑤ $\dfrac{2}{3} : 1\dfrac{1}{5} =$

⑥ $1\dfrac{1}{4} : 1\dfrac{1}{9} =$

⑦ $0.4 : 0.8 =$

⑧ $0.9 : 0.5 =$

⑨ $0.34 : 0.12 =$

⑩ $1.2 : 0.45 =$

⑪ $2.1 : 0.98 =$

⑫ $0.84 : 1.6 =$

날짜	월	일
시간	분	초
오답 수	/ 12	

B형

간단한 자연수의 비로 나타내기

★ 간단한 자연수의 비로 나타내시오.

① $3 : 9 =$

⑦ $\dfrac{4}{5} : 1.6 =$

② $60 : 25 =$

⑧ $2.7 : \dfrac{9}{10} =$

③ $24 : 18 =$

⑨ $1\dfrac{2}{25} : 0.36 =$

④ $42 : 12 =$

⑩ $3.4 : 2\dfrac{2}{5} =$

⑤ $14 : 63 =$

⑪ $2 : 3.5 =$

⑥ $45 : 105 =$

⑫ $\dfrac{27}{50} : 0.48 =$

★ 간단한 자연수의 비로 나타내시오.

① $\dfrac{1}{5} : \dfrac{1}{2} =$

② $\dfrac{5}{6} : \dfrac{3}{8} =$

③ $\dfrac{4}{15} : \dfrac{2}{25} =$

④ $1\dfrac{1}{6} : \dfrac{5}{9} =$

⑤ $\dfrac{2}{7} : 1\dfrac{1}{3} =$

⑥ $1\dfrac{1}{8} : \dfrac{3}{10} =$

⑦ $0.4 : 1.3 =$

⑧ $0.8 : 0.6 =$

⑨ $1.25 : 0.75 =$

⑩ $9.6 : 6.4 =$

⑪ $1.2 : 0.84 =$

⑫ $3.12 : 6.5 =$

B형

간단한 자연수의 비로 나타내기

★ 간단한 자연수의 비로 나타내시오.

① $2 : 10 =$

② $21 : 14 =$

③ $36 : 8 =$

④ $6 : 28 =$

⑤ $81 : 27 =$

⑥ $22 : 121 =$

⑦ $\dfrac{3}{10} : 2.1 =$

⑧ $3.2 : \dfrac{4}{5} =$

⑨ $1\dfrac{2}{3} : 1.5 =$

⑩ $1.2 : 1\dfrac{2}{25} =$

⑪ $9 : 5.4 =$

⑫ $7 : 4\dfrac{3}{8} =$

115단계

비례식

● 결과 기록지

① 1~5일차 학습에 걸린 시간을 각각 재서 그래프에 점을 찍습니다.
② 점과 점을 연결하여 기록의 변화를 확인합니다.
③ 오답 수를 세어 오답 수 칸에 씁니다.

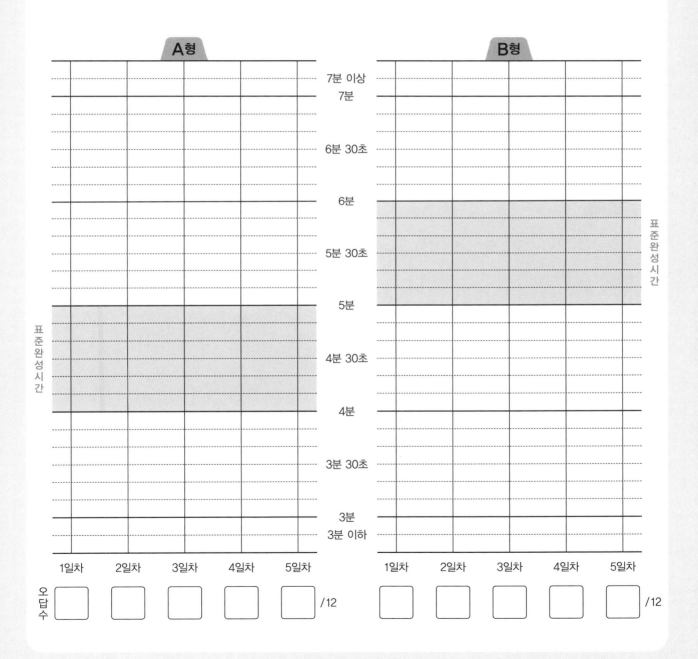

비례식

● 비례식

2 : 5 = 4 : 10과 같이 비율이 같은 두 비를 등호를 사용하여 나타낸 식을 비례식이라고 합니다.

보기

$$2 : 5 = 4 : 10$$

외항

내항

● 비례식의 성질

비례식에서 외항의 곱과 내항의 곱은 같습니다.

보기

$$2 : 5 = 4 : 10 \Rightarrow \begin{array}{l} \text{(외항의 곱)} \ 2 \times 10 = 20 \\ \text{(내항의 곱)} \ 5 \times 4 = 20 \end{array}$$

● 비례식 풀기

비례식의 성질을 이용하여 비례식을 풀 수 있습니다.

보기

$$2 : 7 = 6 : \boxed{} \Rightarrow 2 \times \boxed{} = 7 \times 6$$

$$2 \times \boxed{} = 42$$

$$\boxed{} = 42 \div 2$$

$$\boxed{} = 21$$

1 일차

비례식

● 표준완성시간 : 4~5분

날짜	월	일
시간	분	초
오답 수	/	12

A 형

★ 비례식의 성질을 이용하여 빈칸에 알맞은 수를 써넣으시오.

① 1 : 7 = 5 : ☐

② 3 : 5 = 12 : ☐

③ 6 : 8 = 42 : ☐

④ 11 : 3 = ☐ : 18

⑤ 24 : 32 = ☐ : 8

⑥ 7 : 4 = ☐ : 28

⑦ 3 : ☐ = 21 : 35

⑧ 11 : ☐ = 88 : 64

⑨ 4 : ☐ = 60 : 75

⑩ ☐ : 5 = 18 : 6

⑪ ☐ : 28 = 12 : 48

⑫ ☐ : 3 = 175 : 25

날짜	월	일
시간	분	초
오답 수	/ 12	

B형

비례식

★ 비례식의 성질을 이용하여 빈칸에 알맞은 수를 써넣으시오.

① $\dfrac{1}{2} : \dfrac{3}{4} = 6 : \boxed{}$

② $\dfrac{2}{3} : 2 = 5 : \boxed{}$

③ $3 : 1\dfrac{4}{5} = 10 : \boxed{}$

④ $2\dfrac{1}{10} : 3 = \boxed{} : 50$

⑤ $\dfrac{3}{4} : 6 = \dfrac{1}{2} : \boxed{}$

⑥ $1\dfrac{3}{5} : 4 = \boxed{} : 7\dfrac{1}{2}$

⑦ $0.6 : \boxed{} = 3 : 5$

⑧ $8 : \boxed{} = 1.2 : 0.3$

⑨ $0.5 : \boxed{} = 3 : 18$

⑩ $\boxed{} : 9 = 3.2 : 2.4$

⑪ $\boxed{} : 12 = 8.8 : 3.3$

⑫ $\boxed{} : 3.5 = 6 : 5$

비례식

★ 비례식의 성질을 이용하여 빈칸에 알맞은 수를 써넣으시오.

① $2 : 5 = 8 : \boxed{}$

② $7 : 3 = 42 : \boxed{}$

③ $15 : 10 = 6 : \boxed{}$

④ $6 : 8 = \boxed{} : 20$

⑤ $14 : 24 = \boxed{} : 72$

⑥ $2 : 10 = \boxed{} : 55$

⑦ $4 : \boxed{} = 16 : 8$

⑧ $9 : \boxed{} = 45 : 60$

⑨ $7 : \boxed{} = 84 : 12$

⑩ $\boxed{} : 18 = 20 : 24$

⑪ $\boxed{} : 36 = 6 : 8$

⑫ $\boxed{} : 15 = 30 : 50$

B형

비례식

★ 비례식의 성질을 이용하여 빈칸에 알맞은 수를 써넣으시오.

① $\dfrac{1}{3} : \dfrac{1}{2} = 6 : \boxed{}$

② $1 : \dfrac{3}{4} = 16 : \boxed{}$

③ $3 : 5 = \dfrac{9}{10} : \boxed{}$

④ $2\dfrac{1}{2} : \dfrac{3}{4} = \boxed{} : 9$

⑤ $\dfrac{9}{10} : 3 = 15 : \boxed{}$

⑥ $2\dfrac{7}{10} : 3 = \boxed{} : 3\dfrac{1}{3}$

⑦ $0.4 : \boxed{} = 6 : 9$

⑧ $15 : \boxed{} = 1 : 1.8$

⑨ $1.4 : \boxed{} = 7 : 15$

⑩ $\boxed{} : 27 = 0.8 : 1.8$

⑪ $\boxed{} : 10 = 4.2 : 2.8$

⑫ $\boxed{} : 1.8 = 65 : 26$

비례식

★ 비례식의 성질을 이용하여 빈칸에 알맞은 수를 써넣으시오.

① 1 : 4 = 4 : ☐

② 10 : 8 = 25 : ☐

③ 20 : 12 = 15 : ☐

④ 4 : 14 = ☐ : 35

⑤ 6 : 8 = ☐ : 48

⑥ 15 : 24 = ☐ : 40

⑦ 5 : ☐ = 30 : 54

⑧ 14 : ☐ = 10 : 45

⑨ 9 : ☐ = 15 : 40

⑩ ☐ : 75 = 12 : 20

⑪ ☐ : 10 = 63 : 14

⑫ ☐ : 90 = 35 : 15

B형

비례식

★ 비례식의 성질을 이용하여 빈칸에 알맞은 수를 써넣으시오.

① $\dfrac{1}{2} : \dfrac{3}{4} = 8 : \boxed{}$

⑦ $1.1 : \boxed{} = 11 : 8$

② $\dfrac{1}{3} : 3 = 4 : \boxed{}$

⑧ $10 : \boxed{} = 5 : 4.5$

③ $14 : 32 = \dfrac{7}{8} : \boxed{}$

⑨ $0.8 : \boxed{} = 4 : 5$

④ $3\dfrac{1}{3} : \dfrac{4}{5} = \boxed{} : 6$

⑩ $\boxed{} : 25 = 1.2 : 2$

⑤ $3 : \dfrac{21}{25} = 100 : \boxed{}$

⑪ $\boxed{} : 21 = 3.2 : 4.8$

⑥ $4\dfrac{1}{2} : 6 = \boxed{} : 1\dfrac{1}{9}$

⑫ $\boxed{} : 7.2 = 0.6 : 2.7$

비례식

★ 비례식의 성질을 이용하여 빈칸에 알맞은 수를 써넣으시오.

① 3 : 6 = 2 : ☐

② 16 : 10 = 8 : ☐

③ 30 : 40 = 12 : ☐

④ 2 : 9 = ☐ : 36

⑤ 6 : 7 = ☐ : 42

⑥ 18 : 21 = ☐ : 14

⑦ 8 : ☐ = 32 : 20

⑧ 4 : ☐ = 12 : 33

⑨ 9 : ☐ = 15 : 40

⑩ ☐ : 30 = 15 : 18

⑪ ☐ : 54 = 7 : 9

⑫ ☐ : 20 = 42 : 24

날짜	월	일
시간	분	초
오답 수	/	12

비례식

★ 비례식의 성질을 이용하여 빈칸에 알맞은 수를 써넣으시오.

① $\dfrac{2}{5} : \dfrac{3}{10} = 4 : \boxed{}$

② $\dfrac{8}{9} : 2 = 20 : \boxed{}$

③ $12 : 54 = \dfrac{2}{3} : \boxed{}$

④ $1\dfrac{1}{7} : \dfrac{2}{3} = \boxed{} : 14$

⑤ $3 : \dfrac{9}{10} = 50 : \boxed{}$

⑥ $\dfrac{9}{22} : 1\dfrac{1}{11} = \boxed{} : 8$

⑦ $0.5 : \boxed{} = 2 : 6$

⑧ $0.4 : \boxed{} = 3 : 4.5$

⑨ $1.4 : \boxed{} = 8 : 24$

⑩ $\boxed{} : 28 = 2.7 : 6.3$

⑪ $\boxed{} : 5.2 = 0.4 : 2.6$

⑫ $\boxed{} : 4 = 1.4 : 3.5$

비례식

★ 비례식의 성질을 이용하여 빈칸에 알맞은 수를 써넣으시오.

① 7 : 3 = 21 : ☐

② 20 : 45 = 8 : ☐

③ 18 : 32 = 27 : ☐

④ 4 : 10 = ☐ : 25

⑤ 2 : 9 = ☐ : 54

⑥ 28 : 16 = ☐ : 20

⑦ 6 : ☐ = 21 : 56

⑧ 14 : ☐ = 10 : 25

⑨ 44 : ☐ = 33 : 45

⑩ ☐ : 10 = 60 : 24

⑪ ☐ : 63 = 16 : 18

⑫ ☐ : 39 = 8 : 52

★ 비례식의 성질을 이용하여 빈칸에 알맞은 수를 써넣으시오.

① $\dfrac{3}{4} : \dfrac{1}{2} = 12 : \boxed{}$

② $\dfrac{6}{7} : 2 = 21 : \boxed{}$

③ $10 : 75 = \dfrac{4}{5} : \boxed{}$

④ $2\dfrac{2}{9} : \dfrac{5}{6} = \boxed{} : 12$

⑤ $3 : \dfrac{6}{7} = 35 : \boxed{}$

⑥ $2\dfrac{1}{10} : \dfrac{7}{15} = \boxed{} : 8$

⑦ $1.6 : \boxed{} = 4 : 10$

⑧ $0.5 : \boxed{} = 2 : 7.2$

⑨ $0.8 : \boxed{} = 20 : 35$

⑩ $\boxed{} : 20 = 3.6 : 1.5$

⑪ $\boxed{} : 3 = 5.1 : 1.8$

⑫ $\boxed{} : 2 = 5.6 : 3.2$

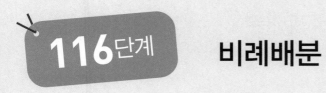

비례배분

● **결과 기록지**

① 1~5일차 학습에 걸린 시간을 각각 재서 그래프에 점을 찍습니다.

② 점과 점을 연결하여 기록의 변화를 확인합니다.

③ 오답 수를 세어 오답 수 칸에 씁니다.

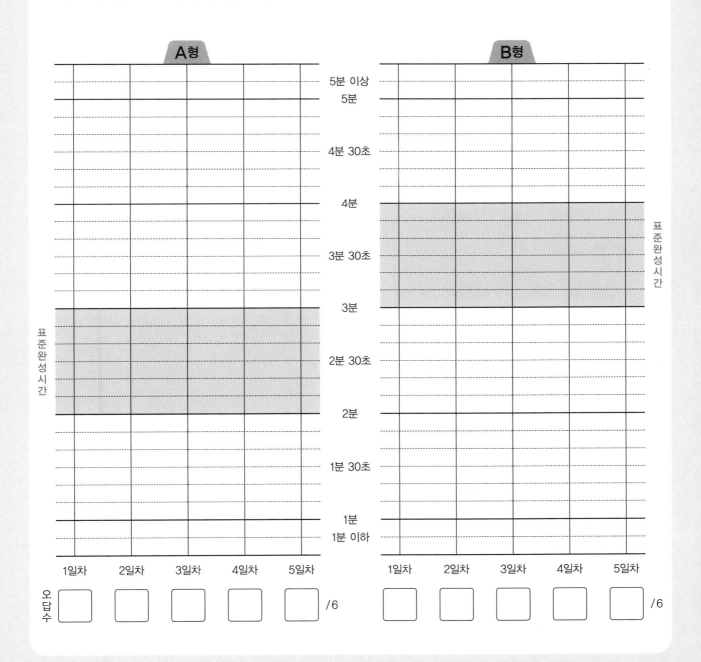

비례배분

● **비례배분**

전체를 주어진 비로 배분하는 것을 비례배분이라고 합니다.
비례배분을 할 때에는 주어진 비의 전항과 후항의 합을 분모로 하는 분수의 비로 고쳐서 계산하면 편리합니다.

● **비례배분하기**

■(전체)를 ● : ▲로 다음과 같이 비례배분할 수 있습니다.

$$■ \times \frac{●}{●+▲} = 가$$

$$■ \times \frac{▲}{●+▲} = 나$$

비례배분한 후 그 결과인 가와 나의 합은 ■(전체)와 같습니다.

$$가+나=■$$

보기

10을 3 : 2로 비례배분하면

$$10 \times \frac{3}{3+2} = 10 \times \frac{3}{5} = 6$$

$$10 \times \frac{2}{3+2} = 10 \times \frac{2}{5} = 4$$

⇨ (　　6　,　　4　)

180을 5 : 4로 비례배분하면

$$180 \times \frac{5}{5+4} = 180 \times \frac{5}{9} = 100$$

$$180 \times \frac{4}{5+4} = 180 \times \frac{4}{9} = 80$$

⇨ (　　100　,　　80　)

1 일차

비례배분

● 표준완성시간 : 2~3분

날짜	월	일
시간	분	초
오답 수	/	6

A형

★ 수를 주어진 비로 비례배분하시오.

① 6을 2 : 1로 비례배분

$6 \times \dfrac{2}{2+1} = \boxed{}$

$6 \times \dfrac{1}{2+1} = \boxed{}$

⇨ (,   )

④ 18을 1 : 5로 비례배분

$18 \times \dfrac{1}{1+5} = \boxed{}$

$18 \times \dfrac{5}{1+5} = \boxed{}$

⇨ (,   )

② 10을 1 : 4로 비례배분

$10 \times \dfrac{1}{1+4} = \boxed{}$

$10 \times \dfrac{4}{1+4} = \boxed{}$

⇨ (,   )

⑤ 25를 3 : 2로 비례배분

$25 \times \dfrac{3}{3+2} = \boxed{}$

$25 \times \dfrac{2}{3+2} = \boxed{}$

⇨ (,   )

③ 14를 4 : 3으로 비례배분

$14 \times \dfrac{4}{4+3} = \boxed{}$

$14 \times \dfrac{3}{4+3} = \boxed{}$

⇨ (,   )

⑥ 30을 3 : 7로 비례배분

$30 \times \dfrac{3}{3+7} = \boxed{}$

$30 \times \dfrac{7}{3+7} = \boxed{}$

⇨ (,   )

날짜	월	일
시간	분	초
오답 수		/ 6

B형

비례배분

★ 수를 주어진 비로 비례배분하시오.

① 9를 2 : 1로 비례배분

⇨ (,   )

④ 21을 5 : 2로 비례배분

⇨ (,   )

② 15를 2 : 3으로 비례배분

⇨ (,   )

⑤ 24를 5 : 3으로 비례배분

⇨ (,   )

③ 16을 3 : 5로 비례배분

⇨ (,   )

⑥ 35를 2 : 5로 비례배분

⇨ (,   )

비례배분

★ 수를 주어진 비로 비례배분하시오.

① 8을 1 : 3으로 비례배분

$$8 \times \frac{1}{1+3} = \boxed{}$$

$$8 \times \frac{3}{1+3} = \boxed{}$$

⇨ (,   )

④ 20을 3 : 7로 비례배분

$$20 \times \frac{3}{3+7} = \boxed{}$$

$$20 \times \frac{7}{3+7} = \boxed{}$$

⇨ (,   )

② 12를 2 : 1로 비례배분

$$12 \times \frac{2}{2+1} = \boxed{}$$

$$12 \times \frac{1}{2+1} = \boxed{}$$

⇨ (,   )

⑤ 27을 5 : 4로 비례배분

$$27 \times \frac{5}{5+4} = \boxed{}$$

$$27 \times \frac{4}{5+4} = \boxed{}$$

⇨ (,   )

③ 16을 1 : 3으로 비례배분

$$16 \times \frac{1}{1+3} = \boxed{}$$

$$16 \times \frac{3}{1+3} = \boxed{}$$

⇨ (,   )

⑥ 45를 11 : 4로 비례배분

$$45 \times \frac{11}{11+4} = \boxed{}$$

$$45 \times \frac{4}{11+4} = \boxed{}$$

⇨ (,   )

비례배분

★ 수를 주어진 비로 비례배분하시오.

① 12를 1 : 3으로 비례배분

⇨ (,   )

④ 32를 5 : 3으로 비례배분

⇨ (,   )

② 18을 7 : 2로 비례배분

⇨ (,   )

⑤ 36을 4 : 5로 비례배분

⇨ (,   )

③ 22를 6 : 5로 비례배분

⇨ (,   )

⑥ 42를 3 : 4로 비례배분

⇨ (,   )

비례배분

★ 수를 주어진 비로 비례배분하시오.

① 10을 3 : 2로 비례배분

$$10 \times \frac{3}{3+2} = \boxed{}$$

$$10 \times \frac{2}{3+2} = \boxed{}$$

⇨ (,   )

④ 28을 3 : 4로 비례배분

$$28 \times \frac{3}{3+4} = \boxed{}$$

$$28 \times \frac{4}{3+4} = \boxed{}$$

⇨ (,   )

② 21을 2 : 1로 비례배분

$$21 \times \frac{2}{2+1} = \boxed{}$$

$$21 \times \frac{1}{2+1} = \boxed{}$$

⇨ (,   )

⑤ 30을 4 : 1로 비례배분

$$30 \times \frac{4}{4+1} = \boxed{}$$

$$30 \times \frac{1}{4+1} = \boxed{}$$

⇨ (,   )

③ 24를 1 : 3으로 비례배분

$$24 \times \frac{1}{1+3} = \boxed{}$$

$$24 \times \frac{3}{1+3} = \boxed{}$$

⇨ (,   )

⑥ 48을 3 : 5로 비례배분

$$48 \times \frac{3}{3+5} = \boxed{}$$

$$48 \times \frac{5}{3+5} = \boxed{}$$

⇨ (,   )

B형

비례배분

★ 수를 주어진 비로 비례배분하시오.

① 15를 1 : 2로 비례배분

    ⇨ (,   )

④ 36을 5 : 1로 비례배분

    ⇨ (,   )

② 20을 2 : 3으로 비례배분

    ⇨ (,   )

⑤ 40을 3 : 2로 비례배분

    ⇨ (,   )

③ 28을 3 : 1로 비례배분

    ⇨ (,   )

⑥ 45를 1 : 2로 비례배분

    ⇨ (,   )

비례배분

★ 수를 주어진 비로 비례배분하시오.

① 14를 2 : 5로 비례배분

$$14 \times \frac{2}{2+5} = \boxed{}$$

$$14 \times \frac{5}{2+5} = \boxed{}$$

⇨ (,   )

④ 26을 9 : 4로 비례배분

$$26 \times \frac{9}{9+4} = \boxed{}$$

$$26 \times \frac{4}{9+4} = \boxed{}$$

⇨ (,   )

② 18을 1 : 2로 비례배분

$$18 \times \frac{1}{1+2} = \boxed{}$$

$$18 \times \frac{2}{1+2} = \boxed{}$$

⇨ (,   )

⑤ 35를 2 : 3으로 비례배분

$$35 \times \frac{2}{2+3} = \boxed{}$$

$$35 \times \frac{3}{2+3} = \boxed{}$$

⇨ (,   )

③ 20을 3 : 1로 비례배분

$$20 \times \frac{3}{3+1} = \boxed{}$$

$$20 \times \frac{1}{3+1} = \boxed{}$$

⇨ (,   )

⑥ 42를 1 : 5로 비례배분

$$42 \times \frac{1}{1+5} = \boxed{}$$

$$42 \times \frac{5}{1+5} = \boxed{}$$

⇨ (,   )

비례배분

★ 수를 주어진 비로 비례배분하시오.

① 12를 5 : 1로 비례배분

④ 38을 11 : 8로 비례배분

⇨ (,   )

⇨ (,   )

② 25를 1 : 4로 비례배분

⑤ 40을 1 : 3으로 비례배분

⇨ (,   )

⇨ (,   )

③ 32를 3 : 1로 비례배분

⑥ 48을 7 : 5로 비례배분

⇨ (,   )

⇨ (,   )

5일차

비례배분

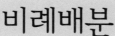

날짜	월	일
시간	분	초
오답 수		/ 6

● 표준완성시간 : 2~3분

A형

★ 수를 주어진 비로 비례배분하시오.

① 16을 7 : 1로 비례배분

$$16 \times \frac{7}{7+1} = \boxed{}$$

$$16 \times \frac{1}{7+1} = \boxed{}$$

⇨ (,   )

④ 28을 5 : 2로 비례배분

$$28 \times \frac{5}{5+2} = \boxed{}$$

$$28 \times \frac{2}{5+2} = \boxed{}$$

⇨ (,   )

② 22를 2 : 9로 비례배분

$$22 \times \frac{2}{2+9} = \boxed{}$$

$$22 \times \frac{9}{2+9} = \boxed{}$$

⇨ (,   )

⑤ 32를 9 : 7로 비례배분

$$32 \times \frac{9}{9+7} = \boxed{}$$

$$32 \times \frac{7}{9+7} = \boxed{}$$

⇨ (,   )

③ 27을 1 : 2로 비례배분

$$27 \times \frac{1}{1+2} = \boxed{}$$

$$27 \times \frac{2}{1+2} = \boxed{}$$

⇨ (,   )

⑥ 45를 2 : 3으로 비례배분

$$45 \times \frac{2}{2+3} = \boxed{}$$

$$45 \times \frac{3}{2+3} = \boxed{}$$

⇨ (,   )

B형

날짜	월	일
시간	분	초
오답 수		/ 6

비례배분

★ 수를 주어진 비로 비례배분하시오.

① **14**를 **3** : **4**로 비례배분

⇨ (,   )

④ **38**을 **9** : **10**으로 비례배분

⇨ (,   )

② **20**을 **4** : **1**로 비례배분

⇨ (,   )

⑤ **50**을 **3** : **7**로 비례배분

⇨ (,   )

③ **26**을 **6** : **7**로 비례배분

⇨ (,   )

⑥ **54**를 **4** : **5**로 비례배분

⇨ (,   )

117단계

방정식 ①

● **결과 기록지**

① 1~5일차 학습에 걸린 시간을 각각 재서 그래프에 점을 찍습니다.
② 점과 점을 연결하여 기록의 변화를 확인합니다.
③ 오답 수를 세어 오답 수 칸에 씁니다.

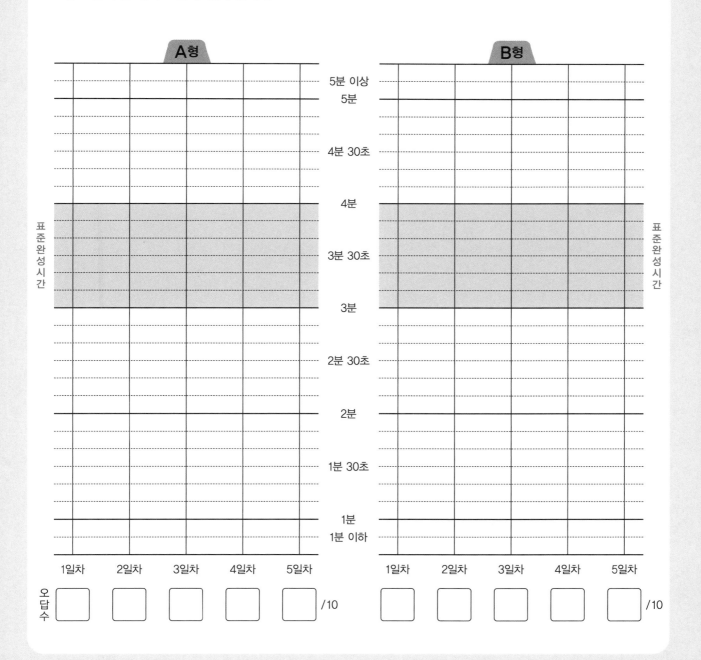

방정식 ①

● 방정식

등호(=)를 써서 나타낸 식을 등식이라고 합니다.

식 $x+3=5$와 같이 x의 값에 따라 참이 되기도 하고 거짓이 되기도 하는 등식을 방정식이라 하고, x를 미지수라고 합니다.

방정식을 참이 되게 하는 미지수 x의 값을 해(근)라고 하고, 방정식의 해를 구하는 것을 방정식을 푼다고 합니다.

● 등식의 성질 ①

등식의 양쪽에 같은 수를 더해도 등식은 성립합니다.

$$■ = ▲이면\ ■ + ● = ▲ + ●$$

보기

$$x - 2 = 7$$
$$(x - 2) + 2 = 7 + 2$$
$$x = 9$$

등식의 한쪽에 x만 남도록 하기 위해 양쪽에 2를 더합니다.

● 등식의 성질 ②

등식의 양쪽에서 같은 수를 빼도 등식은 성립합니다.

$$■ = ▲이면\ ■ - ● = ▲ - ●$$

보기

$$x + 3 = 8$$
$$(x + 3) - 3 = 8 - 3$$
$$x = 5$$

등식의 한쪽에 x만 남도록 하기 위해 양쪽에서 3을 뺍니다.

방정식 ①

★ 등식의 성질을 이용하여 방정식을 풀어 보시오.

① $x - 5 = 9$

② $x - 2 = 8$

③ $x - 10 = 3$

④ $x - 13 = 22$

⑤ $x - 15 = 15$

⑥ $x - \dfrac{1}{3} = 2$

⑦ $x - \dfrac{2}{5} = \dfrac{3}{5}$

⑧ $x - \dfrac{7}{8} = 1\dfrac{5}{8}$

⑨ $x - 1.8 = 0.9$

⑩ $x - 5.1 = 0.3$

날짜	월	일
시간	분	초
오답 수	/	10

B형

방정식 ①

★ 등식의 성질을 이용하여 방정식을 풀어 보시오.

① $x + 4 = 7$

⑥ $x + \dfrac{3}{10} = 4$

② $x + 8 = 20$

⑦ $\dfrac{1}{4} + x = \dfrac{3}{4}$

③ $x + 14 = 22$

⑧ $x + \dfrac{9}{10} = 1\dfrac{3}{10}$

④ $7 + x = 35$

⑨ $x + 0.5 = 3$

⑤ $x + 20 = 34$

⑩ $x + 5.3 = 9.1$

방정식 ①

★ 등식의 성질을 이용하여 방정식을 풀어 보시오.

① $x - 6 = 2$

② $x - 5 = 5$

③ $x - 14 = 7$

④ $x - 19 = 4$

⑤ $x - 28 = 15$

⑥ $x - \dfrac{3}{4} = \dfrac{3}{4}$

⑦ $x - 1\dfrac{5}{12} = \dfrac{11}{12}$

⑧ $x - 2\dfrac{1}{10} = 3\dfrac{1}{2}$

⑨ $x - 7.4 = 1.9$

⑩ $x - 6.3 = 0.7$

날짜	월	일
시간	분	초
오답 수	/	10

B형

방정식 ①

★ 등식의 성질을 이용하여 방정식을 풀어 보시오.

① $x + 9 = 13$

② $16 + x = 28$

③ $x + 7 = 31$

④ $x + 15 = 35$

⑤ $38 + x = 55$

⑥ $x + \dfrac{4}{15} = \dfrac{8}{15}$

⑦ $x + 2\dfrac{3}{10} = 4$

⑧ $\dfrac{9}{10} + x = 2\dfrac{1}{2}$

⑨ $x + 6.3 = 7.2$

⑩ $x + 4.4 = 10.6$

방정식 ①

★ 등식의 성질을 이용하여 방정식을 풀어 보시오.

① $x - 2 = 12$

② $x - 10 = 7$

③ $x - 6 = 44$

④ $x - 18 = 11$

⑤ $x - 29 = 5$

⑥ $x - \dfrac{5}{7} = \dfrac{2}{7}$

⑦ $x - \dfrac{4}{9} = 3\dfrac{2}{9}$

⑧ $x - 4\dfrac{3}{10} = 2\dfrac{9}{10}$

⑨ $x - 2.7 = 3.3$

⑩ $x - 5.5 = 14.8$

방정식 ①

★ 등식의 성질을 이용하여 방정식을 풀어 보시오.

① $x + 6 = 9$

⑥ $\dfrac{2}{11} + x = \dfrac{9}{11}$

② $x + 3 = 16$

⑦ $x + \dfrac{3}{4} = 3$

③ $x + 8 = 20$

⑧ $x + 2\dfrac{4}{5} = 4\dfrac{3}{5}$

④ $10 + x = 16$

⑨ $x + 1.6 = 2.1$

⑤ $x + 17 = 32$

⑩ $3.8 + x = 7.6$

방정식 ①

★ 등식의 성질을 이용하여 방정식을 풀어 보시오.

① $x - 7 = 12$

② $x - 15 = 3$

③ $x - 6 = 38$

④ $x - 17 = 5$

⑤ $x - 15 = 42$

⑥ $x - \dfrac{3}{5} = \dfrac{3}{5}$

⑦ $x - \dfrac{2}{13} = \dfrac{9}{13}$

⑧ $x - 1\dfrac{3}{10} = \dfrac{9}{10}$

⑨ $x - 0.9 = 3.5$

⑩ $x - 1.8 = 4$

방정식 ①

★ 등식의 성질을 이용하여 방정식을 풀어 보시오.

① $x + 4 = 5$

② $8 + x = 14$

③ $x + 23 = 55$

④ $x + 17 = 32$

⑤ $22 + x = 31$

⑥ $x + 1\dfrac{5}{6} = 4$

⑦ $x + \dfrac{5}{14} = 4\dfrac{3}{14}$

⑧ $x + 2\dfrac{2}{5} = 4\dfrac{1}{10}$

⑨ $8.3 + x = 11$

⑩ $x + 2.4 = 7.9$

방정식 ①

★ 등식의 성질을 이용하여 방정식을 풀어 보시오.

① $x - 4 = 8$

② $x - 13 = 42$

③ $x - 28 = 30$

④ $x - 19 = 7$

⑤ $x - 5 = 28$

⑥ $x - \dfrac{3}{10} = \dfrac{1}{10}$

⑦ $x - \dfrac{7}{9} = 3\dfrac{8}{9}$

⑧ $x - 3\dfrac{1}{2} = 5\dfrac{1}{2}$

⑨ $x - 1.2 = 1.5$

⑩ $x - 7.8 = 10.3$

방정식 ①

★ 등식의 성질을 이용하여 방정식을 풀어 보시오.

① $x + 3 = 14$

② $x + 11 = 16$

③ $8 + x = 35$

④ $x + 14 = 40$

⑤ $11 + x = 33$

⑥ $x + \dfrac{4}{13} = \dfrac{11}{13}$

⑦ $x + 2\dfrac{4}{5} = 4$

⑧ $\dfrac{7}{10} + x = 1\dfrac{3}{5}$

⑨ $x + 2.5 = 6$

⑩ $x + 1.8 = 3.3$

방정식 ②

118단계

● **결과 기록지**

① 1~5일차 학습에 걸린 시간을 각각 재서 그래프에 점을 찍습니다.
② 점과 점을 연결하여 기록의 변화를 확인합니다.
③ 오답 수를 세어 오답 수 칸에 씁니다.

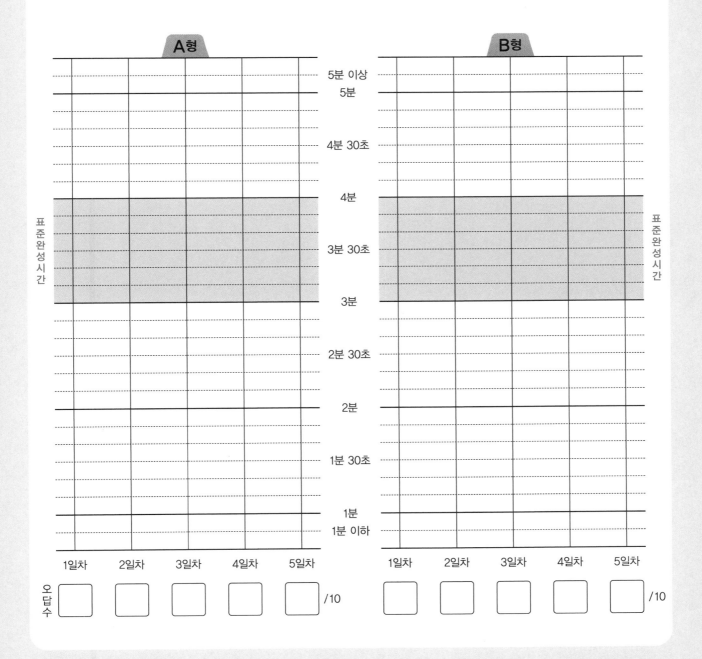

방정식 ②

● 등식의 성질 ③

등식의 양쪽에 같은 수를 곱해도 등식은 성립합니다.

$$■ = ▲ 이면 \quad ■ × ● = ▲ × ●$$

보기

$$x \div 3 = 8$$
$$(x \div 3) \times 3 = 8 \times 3$$
$$x = 24$$

> 등식의 한쪽에 x만 남도록 하기 위해 양쪽에 3을 곱합니다.

$$x \div \frac{1}{3} = 15$$
$$(x \div \frac{1}{3}) \times \frac{1}{3} = 15 \times \frac{1}{3}$$
$$x = 5$$

> 등식의 한쪽에 x만 남도록 하기 위해 양쪽에 $\frac{1}{3}$을 곱합니다.

● 등식의 성질 ④

등식의 양쪽을 0이 아닌 같은 수로 나누어도 등식은 성립합니다.

$$■ = ▲ 이면 \quad ■ \div ● = ▲ \div ● \quad (단, ●는 0이 아닌 수)$$

보기

$$x \times 4 = 24$$
$$(x \times 4) \div 4 = 24 \div 4$$
$$x = 6$$

> 등식의 한쪽에 x만 남도록 하기 위해 양쪽을 4로 나눕니다.

$$x \times 1.2 = 18$$
$$(x \times 1.2) \div 1.2 = 18 \div 1.2$$
$$x = 15$$

> 등식의 한쪽에 x만 남도록 하기 위해 양쪽을 1.2로 나눕니다.

방정식 ②

★ 등식의 성질을 이용하여 방정식을 풀어 보시오.

① $x \div 2 = 5$

② $x \div 7 = 3$

③ $x \div 10 = 5$

④ $x \div 8 = 13$

⑤ $x \div 11 = 6$

⑥ $x \div \dfrac{1}{4} = 2$

⑦ $x \div \dfrac{2}{3} = 4$

⑧ $x \div \dfrac{5}{8} = \dfrac{14}{15}$

⑨ $x \div 0.7 = 4$

⑩ $x \div 1.5 = 5.2$

★ 등식의 성질을 이용하여 방정식을 풀어 보시오.

① $x \times 4 = 20$

② $x \times 6 = 42$

③ $x \times 3 = 81$

④ $15 \times x = 75$

⑤ $x \times 21 = 252$

⑥ $x \times \dfrac{1}{4} = 3$

⑦ $x \times \dfrac{5}{8} = 10$

⑧ $x \times \dfrac{2}{3} = \dfrac{4}{15}$

⑨ $x \times 0.8 = 3.2$

⑩ $1.3 \times x = 9.1$

방정식 ②

★ 등식의 성질을 이용하여 방정식을 풀어 보시오.

① $x \div 6 = 5$

② $x \div 4 = 7$

③ $x \div 9 = 8$

④ $x \div 14 = 5$

⑤ $x \div 19 = 2$

⑥ $x \div \dfrac{1}{5} = 5$

⑦ $x \div \dfrac{2}{7} = \dfrac{1}{4}$

⑧ $x \div \dfrac{3}{5} = 5$

⑨ $x \div 7 = 3.2$

⑩ $x \div 2.3 = 0.4$

방정식 ②

★ 등식의 성질을 이용하여 방정식을 풀어 보시오.

① $x \times 5 = 30$

② $7 \times x = 49$

③ $x \times 12 = 96$

④ $x \times 14 = 84$

⑤ $25 \times x = 75$

⑥ $\dfrac{1}{3} \times x = 4$

⑦ $x \times \dfrac{3}{7} = 15$

⑧ $x \times 1\dfrac{1}{5} = 6$

⑨ $x \times 3.5 = 4.2$

⑩ $x \times 1.9 = 28.5$

방정식 ②

★ 등식의 성질을 이용하여 방정식을 풀어 보시오.

① $x \div 8 = 3$

② $x \div 2 = 17$

③ $x \div 14 = 4$

④ $x \div 9 = 9$

⑤ $x \div 6 = 25$

⑥ $x \div \dfrac{1}{8} = 5$

⑦ $x \div \dfrac{5}{6} = 18$

⑧ $x \div \dfrac{1}{2} = 4\dfrac{1}{5}$

⑨ $x \div 2.5 = 2.4$

⑩ $x \div 3.8 = 9.5$

B형

날짜	월	일
시간	분	초
오답 수	/	10

방정식 ②

★ 등식의 성질을 이용하여 방정식을 풀어 보시오.

① $4 \times x = 16$

② $x \times 5 = 35$

③ $x \times 8 = 96$

④ $x \times 13 = 65$

⑤ $x \times 7 = 84$

⑥ $x \times \dfrac{5}{6} = 20$

⑦ $x \times \dfrac{3}{10} = 1\dfrac{1}{5}$

⑧ $\dfrac{9}{10} \times x = 5\dfrac{2}{5}$

⑨ $x \times 7 = 22.4$

⑩ $x \times 2.6 = 2.86$

4일차

방정식 ②

● 표준완성시간 : 3~4분

날짜	월	일
시간	분	초
오답 수	/	10

A형

★ 등식의 성질을 이용하여 방정식을 풀어 보시오.

① $x \div 10 = 7$

② $x \div 2 = 15$

③ $x \div 8 = 6$

④ $x \div 14 = 4$

⑤ $x \div 18 = 7$

⑥ $x \div \dfrac{1}{4} = 7$

⑦ $x \div 1\dfrac{3}{7} = 21$

⑧ $x \div 1\dfrac{1}{2} = 7$

⑨ $x \div 0.8 = 2.7$

⑩ $x \div 2.2 = 3.5$

●표준완성시간 : 3~4분

방정식 ②

★ 등식의 성질을 이용하여 방정식을 풀어 보시오.

① $x \times 3 = 18$

② $x \times 6 = 42$

③ $x \times 14 = 56$

④ $25 \times x = 100$

⑤ $x \times 7 = 154$

⑥ $x \times \dfrac{3}{10} = 6$

⑦ $\dfrac{6}{7} \times x = 5\dfrac{1}{7}$

⑧ $\dfrac{2}{5} \times x = 3\dfrac{1}{5}$

⑨ $x \times 2.1 = 16.8$

⑩ $4.5 \times x = 54$

방정식 ②

● 표준완성시간 : 3~4분

날짜	월	일
시간	분	초
오답 수	/	10

A^형

★ 등식의 성질을 이용하여 방정식을 풀어 보시오.

① $x \div 9 = 4$

② $x \div 4 = 13$

③ $x \div 7 = 12$

④ $x \div 16 = 2$

⑤ $x \div 20 = 8$

⑥ $x \div \dfrac{3}{8} = 6$

⑦ $x \div 1\dfrac{1}{3} = 3$

⑧ $x \div 4\dfrac{1}{5} = 4$

⑨ $x \div 1.7 = 5$

⑩ $x \div 6.5 = 4$

방정식 ②

★ 등식의 성질을 이용하여 방정식을 풀어 보시오.

① $2 \times x = 26$

② $x \times 14 = 70$

③ $8 \times x = 64$

④ $x \times 12 = 72$

⑤ $x \times 17 = 85$

⑥ $x \times \dfrac{2}{7} = 4$

⑦ $x \times \dfrac{3}{20} = 15$

⑧ $\dfrac{4}{5} \times x = 4$

⑨ $x \times 1.4 = 5.6$

⑩ $x \times 5.4 = 18.9$

방정식 ③

● 결과 기록지

① 1~5일차 학습에 걸린 시간을 각각 재서 그래프에 점을 찍습니다.
② 점과 점을 연결하여 기록의 변화를 확인합니다.
③ 오답 수를 세어 오답 수 칸에 씁니다.

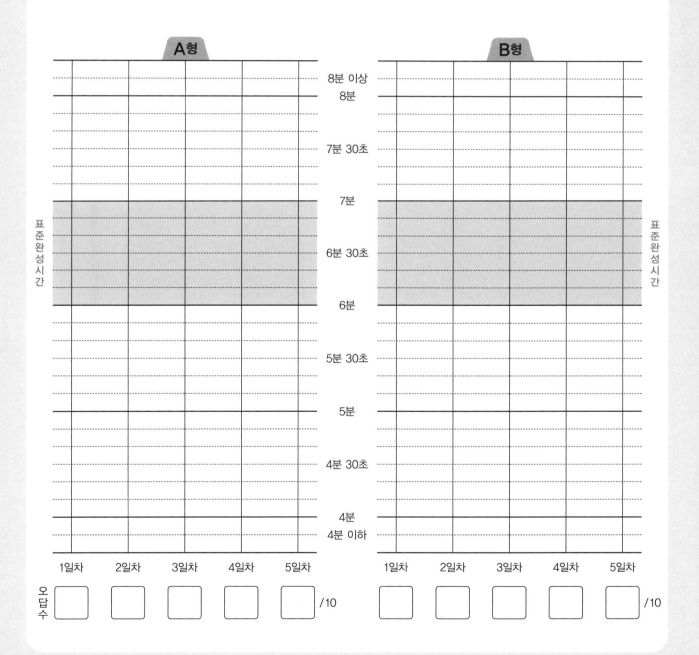

방정식 ③

● 곱셈과 덧셈이 섞여 있는 방정식 풀기

곱셈과 덧셈이 섞여 있는 방정식 $x \times 2 + 5 = 11$에서 x의 값은 등식의 성질 중

－ 등식의 양쪽에서 같은 수를 빼도 등식은 성립합니다.

－ 등식의 양쪽을 0이 아닌 같은 수로 나누어도 등식은 성립합니다.

를 이용하여 등식의 한쪽에 x만 남도록 하여 방정식을 풉니다.

보기

$$x \times 2 + 5 = 11$$
$$(x \times 2 + 5) - 5 = 11 - 5$$
등식의 양쪽에서 5를 뺍니다.
$$x \times 2 = 6$$
$$(x \times 2) \div 2 = 6 \div 2$$
등식의 양쪽을 2로 나눕니다.
$$x = 3$$

×, ＋가 섞여 있는 방정식을 풀 때, 양쪽에서 같은 수를 먼저 빼는 이유는 낱개를 먼저 없앤 후에 묶음의 수를 통해 x의 값을 구하기 위해서입니다. 즉, 거꾸로 계산하는 것과 비슷한 원리입니다.

● 곱셈과 뺄셈이 섞여 있는 방정식 풀기

곱셈과 뺄셈이 섞여 있는 방정식 $x \times 3 - 4 = 14$에서 x의 값은 등식의 성질 중

－ 등식의 양쪽에 같은 수를 더해도 등식은 성립합니다.

－ 등식의 양쪽을 0이 아닌 같은 수로 나누어도 등식은 성립합니다.

를 이용하여 등식의 한쪽에 x만 남도록 하여 방정식을 풉니다.

보기

$$x \times 3 - 4 = 14$$
$$(x \times 3 - 4) + 4 = 14 + 4$$
등식의 양쪽에 4를 더합니다.
$$x \times 3 = 18$$
$$(x \times 3) \div 3 = 18 \div 3$$
등식의 양쪽을 3으로 나눕니다.
$$x = 6$$

1일차

방정식 ③

● 표준완성시간 : 6〜7분

날짜	월	일
시간	분	초
오답 수		/ 10

A형

★ 등식의 성질을 이용하여 방정식을 풀어 보시오.

① $x \times 5 + 2 = 17$

② $x \times 2 + 4 = 20$

③ $x \times 4 + 5 = 33$

④ $3 + x \times 8 = 67$

⑤ $x \times 7 + 11 = 39$

⑥ $x \times \dfrac{1}{3} + 7 = 11$

⑦ $x \times \dfrac{2}{5} + 6 = 10$

⑧ $x \times \dfrac{5}{8} + \dfrac{1}{2} = 8$

⑨ $x \times 0.6 + 8 = 11$

⑩ $2.5 \times x + 6 = 26$

B형

날짜	월	일
시간	분	초
오답 수	/	10

방정식 ③

★ 등식의 성질을 이용하여 방정식을 풀어 보시오.

① $x \times 2 - 5 = 7$

② $x \times 9 - 15 = 21$

③ $x \times 6 - 9 = 33$

④ $5 \times x - 22 = 38$

⑤ $x \times 7 - 14 = 49$

⑥ $x \times \dfrac{1}{4} - 2 = 3$

⑦ $x \times \dfrac{2}{9} - 8 = 2$

⑧ $\dfrac{4}{5} \times x - 12 = 16$

⑨ $x \times 1.4 - 3 = 4$

⑩ $x \times 2.5 - 19 = 11$

2일차

방정식 ③

● 표준완성시간 : 6~7분

날짜	월	일
시간	분	초
오답 수		/ 10

A형

★ 등식의 성질을 이용하여 방정식을 풀어 보시오.

① $5 \times x + 5 = 30$

② $x \times 2 + 12 = 26$

③ $x \times 6 + 15 = 39$

④ $3 \times x + 9 = 60$

⑤ $x \times 4 + 7 = 55$

⑥ $x \times \dfrac{3}{4} + 5 = 11$

⑦ $x \times \dfrac{2}{15} + 10 = 14$

⑧ $x \times \dfrac{4}{21} + \dfrac{1}{3} = 3$

⑨ $x \times 1.8 + 1.2 = 12$

⑩ $3.5 \times x + 2 = 30$

방정식 ③

★ 등식의 성질을 이용하여 방정식을 풀어 보시오.

① $x \times 3 - 2 = 25$

② $10 \times x - 7 = 43$

③ $x \times 2 - 15 = 17$

④ $x \times 5 - 24 = 71$

⑤ $x \times 8 - 19 = 29$

⑥ $x \times \dfrac{2}{5} - 9 = 3$

⑦ $x \times 1\dfrac{1}{2} - 14 = 13$

⑧ $\dfrac{9}{10} \times x - \dfrac{3}{5} = 3$

⑨ $x \times 1.4 - 4.2 = 7$

⑩ $x \times 2.5 - 16 = 24$

방정식 ③

★ 등식의 성질을 이용하여 방정식을 풀어 보시오.

① $x \times 6 + 3 = 15$

② $2 \times x + 4 = 30$

③ $x \times 7 + 5 = 26$

④ $x \times 12 + 16 = 40$

⑤ $7 \times x + 9 = 58$

⑥ $\dfrac{2}{3} \times x + 8 = 14$

⑦ $x \times \dfrac{4}{25} + 8 = 32$

⑧ $x \times 1\dfrac{2}{9} + 7 = 62$

⑨ $x \times 1.2 + 6 = 24$

⑩ $x \times 5.5 + 8 = 30$

방정식 ③

★ 등식의 성질을 이용하여 방정식을 풀어 보시오.

① $x \times 5 - 10 = 15$

② $x \times 7 - 6 = 22$

③ $4 \times x - 15 = 49$

④ $x \times 35 - 33 = 72$

⑤ $x \times 15 - 18 = 57$

⑥ $x \times \dfrac{7}{10} - 5 = 23$

⑦ $x \times 2\dfrac{1}{4} - 9 = 18$

⑧ $x \times 1\dfrac{1}{5} - 19 = 17$

⑨ $x \times 0.5 - 4 = 9$

⑩ $3.8 \times x - 25 = 32$

4일차

방정식 ③

날짜	월	일
시간	분	초
오답 수	/	10

● 표준완성시간 : 6~7분

A형

★ 등식의 성질을 이용하여 방정식을 풀어 보시오.

① $x \times 7 + 3 = 45$

② $x \times 11 + 4 = 37$

③ $8 \times x + 6 = 110$

④ $x \times 16 + 6 = 70$

⑤ $9 + 25 \times x = 84$

⑥ $x \times \dfrac{1}{6} + 4 = 10$

⑦ $x \times \dfrac{2}{9} + 12 = 26$

⑧ $x \times 1\dfrac{3}{7} + 5 = 75$

⑨ $0.8 \times x + 5 = 25$

⑩ $x \times 3.2 + 2.8 = 22$

방정식 ③

★ 등식의 성질을 이용하여 방정식을 풀어 보시오.

① $x \times 7 - 3 = 18$

② $x \times 4 - 11 = 25$

③ $x \times 15 - 9 = 66$

④ $x \times 26 - 17 = 87$

⑤ $35 \times x - 66 = 74$

⑥ $x \times \dfrac{3}{8} - 6 = 9$

⑦ $\dfrac{5}{9} \times x - 17 = 23$

⑧ $x \times 1\dfrac{1}{3} - 15 = 41$

⑨ $x \times 1.5 - 8 = 34$

⑩ $x \times 4.2 - 38 = 67$

★ 등식의 성질을 이용하여 방정식을 풀어 보시오.

① $x \times 4 + 4 = 36$

② $5 \times x + 17 = 32$

③ $x \times 17 + 5 = 73$

④ $7 + x \times 9 = 52$

⑤ $x \times 6 + 14 = 56$

⑥ $\dfrac{1}{6} \times x + 6 = 9$

⑦ $x \times 1\dfrac{1}{3} + 2 = 38$

⑧ $x \times \dfrac{7}{9} + 12 = 40$

⑨ $x \times 3.2 + 8 = 24$

⑩ $x \times 0.75 + 7 = 13$

B형

날짜	월	일
시간	분	초
오답 수	/	10

방정식 ③

★ 등식의 성질을 이용하여 방정식을 풀어 보시오.

① $4 \times x - 6 = 34$

② $x \times 3 - 11 = 16$

③ $x \times 6 - 15 = 21$

④ $x \times 4 - 25 = 39$

⑤ $x \times 17 - 19 = 66$

⑥ $x \times \dfrac{3}{5} - 8 = 4$

⑦ $x \times \dfrac{7}{12} - 11 = 24$

⑧ $1\dfrac{1}{4} \times x - 3 = 17$

⑨ $x \times 2.4 - 5 = 7$

⑩ $x \times 1.75 - 8 = 6$

120단계 방정식 ④

● 결과 기록지

① 1~5일차 학습에 걸린 시간을 각각 재서 그래프에 점을 찍습니다.
② 점과 점을 연결하여 기록의 변화를 확인합니다.
③ 오답 수를 세어 오답 수 칸에 씁니다.

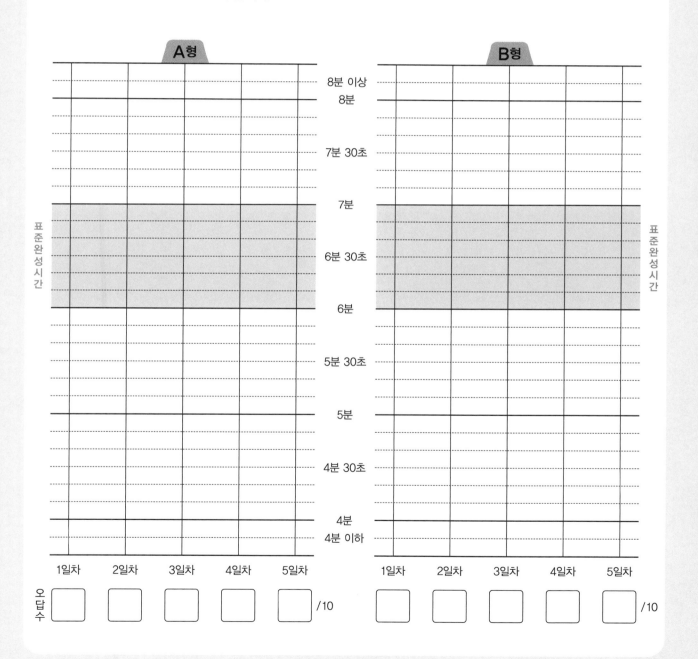

방정식 ④

● **나눗셈과 덧셈이 섞여 있는 방정식 풀기**

나눗셈과 덧셈이 섞여 있는 방정식 $x \div 3 + 2 = 7$에서 x의 값은 등식의 성질 중
  － 등식의 양쪽에서 같은 수를 빼도 등식은 성립합니다.
  － 등식의 양쪽에 같은 수를 곱해도 등식은 성립합니다.
를 이용하여 등식의 한쪽에 x만 남도록 하여 방정식을 풉니다.

보기

$$x \div 3 + 2 = 7$$
$$(x \div 3 + 2) - 2 = 7 - 2 \quad \text{← 등식의 양쪽에서 2를 뺍니다.}$$
$$x \div 3 = 5$$
$$(x \div 3) \times 3 = 5 \times 3 \quad \text{← 등식의 양쪽에 3을 곱합니다.}$$
$$x = 15$$

● **나눗셈과 뺄셈이 섞여 있는 방정식 풀기**

나눗셈과 뺄셈이 섞여 있는 방정식 $x \div 2 - 8 = 4$에서 x의 값은 등식의 성질 중
  － 등식의 양쪽에 같은 수를 더해도 등식은 성립합니다.
  － 등식의 양쪽에 같은 수를 곱해도 등식은 성립합니다.
를 이용하여 등식의 한쪽에 x만 남도록 하여 방정식을 풉니다.

보기

$$x \div 2 - 8 = 4$$
$$(x \div 2 - 8) + 8 = 4 + 8 \quad \text{← 등식의 양쪽에 8을 더합니다.}$$
$$x \div 2 = 12$$
$$(x \div 2) \times 2 = 12 \times 2 \quad \text{← 등식의 양쪽에 2를 곱합니다.}$$
$$x = 24$$

1일차

방정식 ④

● 표준완성시간 : 6~7분

날짜	월	일
시간	분	초
오답 수	/	10

A 형

★ 등식의 성질을 이용하여 방정식을 풀어 보시오.

① $x \div 4 + 3 = 5$

② $x \div 7 + 7 = 10$

③ $4 + x \div 10 = 6$

④ $x \div 2 + 9 = 22$

⑤ $x \div 13 + 5 = 11$

⑥ $x \div \dfrac{1}{6} + 3 = 15$

⑦ $x \div \dfrac{2}{5} + 4 = 29$

⑧ $x \div \dfrac{1}{2} + 6 = 18$

⑨ $x \div 2.5 + 4 = 11.2$

⑩ $5 + x \div 7.5 = 13$

방정식 ④

★ 등식의 성질을 이용하여 방정식을 풀어 보시오.

① $x \div 8 - 3 = 2$

② $x \div 5 - 2 = 9$

③ $x \div 9 - 4 = 4$

④ $x \div 2 - 8 = 10$

⑤ $x \div 6 - 12 = 2$

⑥ $x \div \dfrac{3}{4} - 7 = 5$

⑦ $x \div \dfrac{7}{15} - 13 = 32$

⑧ $x \div 1\dfrac{1}{8} - 8 = 24$

⑨ $x \div 0.4 - 8 = 7$

⑩ $x \div 1.8 - 3.5 = 1.5$

2일차

방정식 ④

• 표준완성시간 : 6~7분

날짜	월	일
시간	분	초
오답 수	/	10

A형

★ 등식의 성질을 이용하여 방정식을 풀어 보시오.

① $x \div 7 + 3 = 10$

② $x \div 3 + 14 = 17$

③ $x \div 14 + 5 = 12$

④ $x \div 9 + 25 = 31$

⑤ $17 + x \div 18 = 22$

⑥ $x \div \dfrac{3}{7} + 2 = 16$

⑦ $4 + x \div 1\dfrac{1}{3} = 28$

⑧ $x \div \dfrac{4}{5} + 6 = 41$

⑨ $x \div 0.75 + 13 = 25$

⑩ $x \div 1.4 + 11 = 26$

날짜	월	일
시간	분	초
오답 수	/	10

B형

방정식 ④

★ 등식의 성질을 이용하여 방정식을 풀어 보시오.

① $x \div 5 - 4 = 4$

② $x \div 9 - 2 = 5$

③ $x \div 11 - 5 = 2$

④ $x \div 12 - 9 = 3$

⑤ $x \div 25 - 2 = 3$

⑥ $x \div \dfrac{1}{3} - 4 = 2$

⑦ $x \div \dfrac{2}{5} - 6 = 9$

⑧ $x \div 2\dfrac{2}{3} - 5 = 4$

⑨ $x \div 0.6 - 7 = 3$

⑩ $x \div 2.5 - 17 = 7$

방정식 ④

● 표준완성시간 : 6~7분

날짜	월	일
시간	분	초
오답 수	/	10

A형

★ 등식의 성질을 이용하여 방정식을 풀어 보시오.

① $x \div 2 + 6 = 12$

② $x \div 10 + 3 = 8$

③ $x \div 6 + 15 = 19$

④ $7 + x \div 14 = 12$

⑤ $x \div 18 + 15 = 19$

⑥ $5 + x \div \dfrac{1}{10} = 35$

⑦ $x \div \dfrac{5}{9} + 3 = 66$

⑧ $x \div 2\dfrac{1}{3} + 5 = 23$

⑨ $x \div 1.5 + 7 = 13$

⑩ $x \div 3.2 + 7.5 = 10$

B 형

날짜	월	일
시간	분	초
오답 수	/	10

방정식 ④

★ 등식의 성질을 이용하여 방정식을 풀어 보시오.

① $x \div 3 - 2 = 5$

⑥ $x \div \dfrac{5}{6} - 4 = 14$

② $x \div 4 - 3 = 8$

⑦ $x \div 2\dfrac{1}{2} - 9 = 7$

③ $x \div 2 - 12 = 13$

⑧ $x \div 1\dfrac{1}{2} - 4 = 2$

④ $x \div 3 - 9 = 16$

⑨ $x \div 0.6 - 14 = 6$

⑤ $x \div 13 - 5 = 2$

⑩ $x \div 1.75 - 11 = 13$

방정식 ④

● 표준완성시간 : 6~7분

날짜	월	일
시간	분	초
오답 수	/	10

★ 등식의 성질을 이용하여 방정식을 풀어 보시오.

① $x \div 5 + 2 = 6$

② $x \div 3 + 5 = 8$

③ $x \div 7 + 2 = 4$

④ $3 + x \div 12 = 7$

⑤ $x \div 14 + 9 = 16$

⑥ $x \div \dfrac{1}{6} + 8 = 20$

⑦ $x \div \dfrac{2}{5} + 4 = 19$

⑧ $x \div 1\dfrac{3}{4} + 7 = 23$

⑨ $2 + x \div 0.8 = 32$

⑩ $x \div 1.2 + 3.5 = 21$

방정식 ④

★ 등식의 성질을 이용하여 방정식을 풀어 보시오.

① $x \div 4 - 7 = 2$

② $x \div 6 - 6 = 2$

③ $x \div 2 - 9 = 8$

④ $x \div 7 - 5 = 3$

⑤ $x \div 5 - 18 = 7$

⑥ $x \div \dfrac{1}{15} - 14 = 16$

⑦ $x \div \dfrac{3}{8} - 7 = 17$

⑧ $x \div \dfrac{2}{5} - 6 = 9$

⑨ $x \div 2.1 - 8 = 42$

⑩ $x \div 2.25 - 9 = 7$

5일차

방정식 ④

• 표준완성시간 : 6~7분

날짜	월	일
시간	분	초
오답 수	/	10

A형

★ 등식의 성질을 이용하여 방정식을 풀어 보시오.

① $x \div 3 + 5 = 12$

② $x \div 8 + 4 = 10$

③ $4 + x \div 15 = 11$

④ $x \div 4 + 7 = 24$

⑤ $x \div 6 + 18 = 32$

⑥ $x \div \dfrac{2}{3} + 6 = 18$

⑦ $x \div 1\dfrac{3}{10} + 5 = 55$

⑧ $x \div \dfrac{4}{7} + 8 = 43$

⑨ $6 + x \div 1.8 = 21$

⑩ $x \div 3.5 + 14 = 28$

날짜	월	일
시간	분	초
오답 수	/ 10	

B형

방정식 ④

★ 등식의 성질을 이용하여 방정식을 풀어 보시오.

① $x \div 2 - 6 = 9$

② $x \div 7 - 4 = 3$

③ $x \div 13 - 2 = 4$

④ $x \div 3 - 15 = 7$

⑤ $x \div 8 - 8 = 6$

⑥ $x \div \dfrac{1}{4} - 5 = 23$

⑦ $x \div \dfrac{5}{12} - 19 = 17$

⑧ $x \div 1\dfrac{4}{5} - 27 = 8$

⑨ $x \div 0.8 - 14 = 26$

⑩ $x \div 1.25 - 24 = 12$

종료테스트

20문항 / 표준완성시간 9~10분

실시 방법

❶ 먼저, 이름, 실시 연월일을 씁니다.

❷ 스톱워치를 켜서 시간을 정확히 재면서 문제를 풀고, 문제를 다 푸는 데 걸린 시간을 씁니다.

❸ 가능하면 표준완성시간 내에 풉니다.

❹ 다 풀고 난 후 채점을 하고, 오답 수를 기록합니다.

❺ 마지막 장에 있는 종료테스트 학습능력평가표에 V표시를 하면서 학생의 전반적인 학습 상태를 점검합니다.

이름			
실시 연월일	년	월	일
걸린 시간		분	초
오답 수			/ 20

★ 계산을 하시오.

① $4.8 \div 1\frac{1}{15} \times 1.8 =$

② $(2.3 - \frac{4}{5}) \div 0.75 =$

③ $2.24 \div \frac{14}{25} - 2\frac{2}{5} \times 1.5 =$

④ $1\frac{13}{15} \times (3.3 - 1\frac{1}{5}) \div 11.2 + 1\frac{2}{3} =$

⑤ 비교하는 양과 기준량을 찾아 써 보시오.

$$\boxed{4\text{의 }10\text{에 대한 비}}$$

비교하는 양 ＿＿＿＿＿＿＿＿＿ , 기준량 ＿＿＿＿＿＿＿＿＿

⑥ 주어진 비의 비율을 분수, 소수, 백분율로 나타내시오.

$$\boxed{20\text{에 대한 }13\text{의 비}}$$

분수 ＿＿＿＿＿＿＿ , 소수 ＿＿＿＿＿＿＿ , 백분율 ＿＿＿＿＿＿＿

★ 간단한 자연수의 비로 나타내시오.

⑦ $18 : 42 =$

⑧ $1\frac{1}{8} : 0.3 =$

★ 비례식의 성질을 이용하여 빈칸에 알맞은 수를 써넣으시오.

⑨ $\boxed{} : 9 = 9 : 27$

⑩ $\dfrac{4}{5} : \boxed{} = 0.6 : 1.5$

★ 수를 주어진 비로 비례배분하시오.

⑪ 28을 3 : 4로 비례배분

⇨ (,   )

⑫ 100을 12 : 13으로 비례배분

⇨ (,   )

★ 등식의 성질을 이용하여 방정식을 풀어 보시오.

⑬ $x - \dfrac{2}{5} = 1\dfrac{1}{5}$

⑭ $x + 6 = 22$

⑮ $x \div 2.5 = 8$

⑯ $x \times 13 = 169$

⑰ $x \times \dfrac{4}{7} + 14 = 30$

⑱ $3 \times x - 9 = 15$

⑲ $x \div \dfrac{3}{4} + 4 = 20$

⑳ $x \div 3.1 - 45 = 55$

≫ 12권 종료테스트 정답

① $8\frac{1}{10}$ ② 2 ③ $\frac{2}{5}$(0.4) ④ $2\frac{1}{60}$

⑤ 4, 10 ⑥ $\frac{13}{20}$, 0.65, 65 % ⑦ 예 3 : 7

⑧ 예 15 : 4 ⑨ 3 ⑩ 2 ⑪ 12, 16

⑫ 48, 52 ⑬ $1\frac{3}{5}$ ⑭ 16 ⑮ 20

⑯ 13 ⑰ 28 ⑱ 8 ⑲ 12

⑳ 310

≫ 종료테스트 학습능력평가표

12권은?			

학습 방법	☐ 매일매일	☐ 가끔	☐ 한꺼번에	−하였습니다.
학습 태도	☐ 스스로 잘	☐ 시켜서 억지로		−하였습니다.
학습 흥미	☐ 재미있게	☐ 싫증내며		−하였습니다.
교재 내용	☐ 적합하다고	☐ 어렵다고	☐ 쉽다고	−하였습니다.

평가 기준	평가	☐ A등급(매우 잘함)	☐ B등급(잘함)	☐ C등급(보통)	☐ D등급(부족함)
	오답 수	0~2	3~4	5~6	7~

• A, B등급 : 초등 과정의 연산 학습을 완성했어요.
• C등급 : 틀린 부분을 다시 한번 더 공부하세요.
• D등급 : 본 교재를 다시 복습하세요.